变频器技术与应用

薛晓明 编著

北京理工大学出版社
BEIJING INSTITUTE OF TECHNOLOGY PRESS

内 容 简 介

本书以"基于工作过程"的编写思路,应用6个模块18个项目,介绍了变频器的工作原理、变频器基本操作、变频器与继电器组合控制、变频器选用、安装与维护以及变频器在工业上的应用等内容。

本书对理论性较强的内容沿用传统的结构体系,对实践性较强的内容采用学练一体的方法,两者有机交融,特色鲜明,可作为高职高专院校电气自动化技术专业、生产过程自动化专业、机电一体化技术专业、自动控制技术专业及相关专业的教材,也可作为企业相关技术人员的参考资料。

版权专有　侵权必究

图书在版编目（CIP）数据

变频器技术与应用/薛晓明编著. —北京：北京理工大学出版社，2009.6（2020.7 重印）
ISBN 978 – 7 – 5640 – 2388 – 1

I. ①变… II. ①薛… III. ①变频器 – 高等学校 – 教材　IV. ①TN773

中国版本图书馆 CIP 数据核字（2009）第 109536 号

出版发行 / 北京理工大学出版社有限责任公司
社　　址 / 北京市海淀区中关村南大街5号
邮　　编 / 100081
电　　话 / (010)68914775（办公室）　68944990（批销中心）　68911084（读者服务部）
网　　址 / http：// www.bitpress.com.cn
经　　销 / 全国各地新华书店
印　　刷 / 涿州市新华印刷有限公司
开　　本 / 787 毫米×960 毫米　1/16
印　　张 / 15.5
字　　数 / 314 千字
版　　次 / 2009 年 6 月第 1 版　2020 年 7 月第 16 次印刷　责任校对 / 陈玉梅
定　　价 / 38.00 元　　　　　　　　　　　　　　　　　　责任印制 / 王美丽

图书出现印装质量问题，本社负责调换

前　　言

在全国1 000多所高职院校中遴选出100所进行示范性院校建设是教育部旨在提升高职院校教育教学质量的一项重大举措，我院有幸成为100所国家高职示范性院校建设单位之一，对专业课程全面推行"基于工作过程"以项目为主体的课程改革，践行"学中练、练中学、学练一体"的理念，较好地解答了"勤学苦练"的内涵，"学"不仅是指学习知识本身，更重要的是学习获取知识的方法，以适应知识不断更新的要求；"练"是通过举一反三把技能练"精"，练出赖以生存的本领。毫无疑问，本教材就是为了实现上述目标而编写的。

全书共分6个模块：概述、变频器的工作原理、变频器的基本运行项目、继电器与变频器的组合控制、变频器选用、安装与维护、变频器在工业上的应用。理论性较强的模块仍然沿用传统的结构体系，而实践性较强的模块分若干个项目。全书内容深入浅出，结构新颖，通俗易懂，实用性强。

本书由常州信息职业技术学院薛晓明编著。在编写过程中，作者参阅了国内外大量的文献资料，在此对原作者表示深深的敬意和衷心的感谢！

限于编者水平，加之时间仓促，不足之处敬请广大读者批评指正。

编者

目　　录

模块 1　概述 …………………………………………………………………… (1)
　专题 1.1　变频器技术的发展 ……………………………………………… (1)
　专题 1.2　变频器的分类 …………………………………………………… (3)
　专题 1.3　变频器的应用 …………………………………………………… (5)

模块 2　变频器的工作原理 ……………………………………………………… (9)
　专题 2.1　变频器的主电路 ………………………………………………… (9)
　专题 2.2　变频器的控制方式 ……………………………………………… (14)

模块 3　变频器的基本运行项目 ………………………………………………… (23)
　项目 3.1　初识 FR–A540 变频器 ………………………………………… (23)
　项目 3.2　变频器的面板操作 ……………………………………………… (37)
　项目 3.3　变频器 PU 运行的操作 ………………………………………… (48)
　项目 3.4　变频器外部运行的操作 ………………………………………… (52)
　项目 3.5　变频器组合运行的操作 ………………………………………… (56)
　项目 3.6　变频器多挡速度运行的操作 …………………………………… (61)
　项目 3.7　变频器的程序运行操作 ………………………………………… (68)
　项目 3.8　变频器的 PID 控制运行操作 …………………………………… (75)

模块 4　继电器与变频器的组合控制 …………………………………………… (81)
　项目 4.1　继电器与变频器组合的电动机正、反转控制 ………………… (82)
　项目 4.2　继电器与变频器组合的变频与工频的切换控制 ……………… (86)
　项目 4.3　继电器与变频器组合的多挡转速的控制 ……………………… (95)
　项目 4.4　计算机对变频器的控制 ………………………………………… (100)

模块 5　变频器选用、安装与维护 ……………………………………………… (110)
　专题 5.1　变频器的选用 …………………………………………………… (110)
　专题 5.2　变频器的安装、布线及抗干扰 ………………………………… (118)
　专题 5.3　变频器的保护功能及故障处理 ………………………………… (124)

模块 6　变频器在工业上的应用 ……………………………………………………（140）
　项目 6.1　变频器在风机上的应用 …………………………………………………（140）
　项目 6.2　变频器在供水系统节能中的应用 ………………………………………（151）
　项目 6.3　变频器在机床改造中的应用 ……………………………………………（164）
　项目 6.4　变频器在中央空调节能改造中的应用 …………………………………（181）

附录 A　三菱变频器 FR – A540 系列 …………………………………………………（189）
附录 B　森兰变频器 ……………………………………………………………………（209）
附录 C　安川 G7 系列变频器 …………………………………………………………（232）
参考文献 …………………………………………………………………………………（240）

模块 1 概述

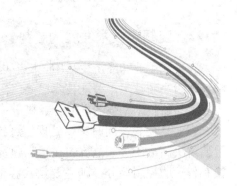

变频器就是利用电力半导体器件的通、断作用将固定频率、电压的交流电变换为频率、电压都连续可调的交流电的装置，主要用于对异步电动机的调速控制，它与电动机之间的连接框图如图 1-1 所示。

图 1-1 变频器与电动机的连接框图

专题 1.1 变频器技术的发展

1.1.1 变频器技术发展的历程

变频调速被认为是一种理想的交流调速方法，但如何得到一个单独向异步电动机供电的经济可靠的变频电源一直是交流变频调速的主要课题。20 世纪 60 年代中期，随着普通晶闸管、小功率管的实用化，出现了静止变频装置，它是将三相的工频电源经变换后，得到频率可调的交流电，这个时期的变频装置多为分立元件，它体积大、造价高，大多是为特定的控制对象研制的，容量普遍偏小，控制方式也不完善，调速后电动机的静态、动态性能还有待提高，特别是低速性能不理想，因此仅用于纺织、磨床等特定场合。

20 世纪 70 年代以后，电力电子技术和微电子技术以惊人的速度向前发展，变频调速传动技术也随之取得了日新月异的进步，开始出现了通用变频器，它功能丰富，可以适用于不同的负载和场合。特别是进入 20 世纪 90 年代，随着半导体开关器件 IGBT、矢量控制技术的成熟，微机控制的变频调速成为主流，调速后异步电动机的静态、动态特性已经可以和直流调速相媲美。随着变频器的专用大规模集成电路、半导体开关器件、传感器的性能越来越高，进一步提高变频器的性能和功能已成为可能。现在的变频器功能很多，操作也很方便，其寿命和可靠性较以前有了很大提高。

1.1.2 变频器技术发展的趋势

在现代工业和经济生活中，随着电力电子技术、微电子技术及现代控制理论的发展，变频器作为高新技术、节能技术已经广泛应用于各个领域。

变频器技术是强弱电混合、机电一体化的综合性技术，既要处理巨大电能的转换（整流、逆变）问题，同时又要处理信息的收集、变换和传输问题。在巨大电能转换的功率部分要解决高电压、大电流的技术问题及新型电力电子器件的应用问题，而在信息的收集、变换和传输的控制部分，则主要解决控制的硬件、软件问题。目前变频器技术主要发展方向如下。

1. 高水平的控制

微处理器的进步使数字控制成为现代控制器的发展方向。各种控制规律软件化的实施，大规模集成电路微处理器的出现，基于电动机、机械模型、现代控制理论和智能控制思想等控制策略的矢量控制、磁场控制、转矩控制、模糊控制等高水平技术的应用，使变频控制进入了一个崭新的阶段。

2. 网络智能化

智能化的变频器安装到系统后，不必进行复杂的功能设定，就可以方便地操作使用，有明显的工作状态显示，而且能够实现故障诊断与故障排除，甚至可以进行部件自动转换。利用互联网可以遥控监视，实现多台变频器按工艺程序联动，形成最优化的变频器综合管理控制系统。

3. 结构小型化

紧凑型的变频系统要求功率和控制元件具有很高的集成度。主电路中功率电路的模块化、控制电路采用大规模集成电路和全数字控制技术，均促进了变频装置结构小型化。

4. 高度集成化

提高集成电路技术及采用表面贴片技术，使装置的容量体积比得到进一步提高。

5. 专门化

根据某一类负载的特性，有针对性地制造专门化的变频器，这不但有利于对负载的电动机进行经济有效的控制，而且可以降低制造成本，如风机、水泵专用变频器、起重机械专用变频器、电梯控制专用变频器、张力控制专用变频器和空调专用变频器。

6. 开发清洁电能的变频器

随着变频技术的不断发展和人们对环境问题的日益重视，不断减少变频器对环境的影响已经是大势所趋。尽可能降低网侧和负载的谐波分量，减少对电网的公害和电动机转矩的脉动，实现清洁电能变换。

总之，变频器技术的发展趋势是朝着智能、操作简便、功能健全、安全可靠、环保低噪、低成本和小型化的方向发展。

专题 1.2　变频器的分类

变频器的种类很多，下面根据不同的分类方法对变频器进行简单介绍。

1.2.1　按变频器的电路组成分类

从变频器的电路组成来看，变频器可分为交－交变频器和交－直－交变频器。

1. 交－交变频器

它是将频率固定的交流电源直接变换成频率连续可调的交流电源，其主要优点是没有中间环节，变换效率高。但其连续可调的频率范围窄，所采用的器件多，其应用受到很大限制。

2. 交－直－交变频器

先将频率固定的交流电整流后变成直流电，再经过逆变电路，把直流电逆变成频率连续可调的三相交流电，由于把直流电逆变成交流电较易控制，因此在频率的调节范围以及变频后电动机特性改善等方面，都具有明显优势，目前使用最多的变频器均属于交－直－交变频器。其组成方框图如图1－2所示。

（1）根据直流环节的储能方式来分，交－直－交变频器又可分为电压型和电流型两种。

图1－2　交－直－交变频器主电路方框图

① 电压型。整流后若是靠电容来滤波，这种交－直－交变频器称为电压型变频器，而现在使用的变频器大部分为电压型。

② 电流型。整流后若是靠电感来滤波，这种交－直－交变频器称为电流型变频器，这种形式的变频器较为少见。

（2）根据调压方式的不同，交－直－交变频器又可分为脉幅调制（PAM）和脉宽调制（PWM）两种。

① 脉幅调制（PAM）。变频器输出电压的大小是通过改变直流电压（U_D）来实现的，这种方法现在已经很少采用。

② 脉宽调制（PWM）。变频器输出电压的大小是通过改变输出脉冲的占空比来实现的。目前使用最多的是占空比按正弦规律变化的正弦波脉宽调制，即SPWM方式。

1.2.2　按变频器的控制方式分类

按不同的控制方式，变频器可分为变频变压（U/f）控制、矢量控制（VC）和直接转矩控制3种类型。

1. 变频变压控制（U/f）

U/f 控制即压频比控制。它的基本特点是对变频器输出的电压和频率同时进行控制，通过保持 U/f 恒定使电动机获得所需的转矩特性。这种方式控制成本低，多用于精度要求不高的通用变频器。

2. 矢量控制（VC）

根据交流电动机的动态数学模型，利用坐标变换手段，将交流电动机的定子电流分解成磁场分量电流和转矩分量电流，并加以分别控制，即模仿直流电动机的控制方式对电动机的磁场和转矩分别进行控制，必须同时控制电动机定子电流的幅值和相位，也可以说控制电流矢量，故这种控制方式被称为矢量控制。交流电动机可获得类似于直流调速系统的动态性能。

矢量控制方式使异步电动机的高性能成为可能。矢量变频器不仅在调速范围上可与直流电动机相媲美，而且可以直接控制异步电动机转矩的变化，所以已经在许多需要精密或快速控制的领域得到广泛应用。

3. 直接转矩控制

直接转矩控制通过控制电动机的瞬时输入电压来控制电动机定子磁链的瞬时旋转速度，改变它对转子的瞬时转差率，从而达到直接控制电动机输出的目的。

1.2.3 按变频器的用途分类

对于用户来说，最为关心的是变频器的用途。根据用途的不同，变频器可分为通用变频器和专用变频器。

1. 通用变频器

通用变频器是变频器家族中数量最多、应用最为广泛的一种。顾名思义，通用变频器的特点是通用性。随着变频技术的发展和市场需求的不断扩大，通用变频器正在朝着两个方向发展：一是以节能为主要目的而简化了一些系统功能的低成本简易型通用变频器，它主要应用于水泵、风扇、鼓风机等对于系统调速性能要求不高的场合，并具有体积小、价格低等方面的优势；二是在设计过程中充分考虑了应用中各种需要的高性能、多功能通用变频器，在使用时，用户可以根据负载的特性选择算法对变频器的各种参数进行设定，也可以根据系统的需要选择厂家所提供的各种备用选件来满足系统的特殊需要。高性能的多功能通用变频器除了可以应用于简易型变频器的所有应用领域外，还可以广泛应用于电梯、数控机床、电动车辆等对调速系统的性能有较高要求的场合。

过去，通用变频器基本上采用的是电路结构比较简单的 U/f 控制方式，与 VC 方式相比，在转矩控制性能方面要差一些。但是，随着变频技术的发展，目前一些厂家已经推出采用 VC 的通用变频器，以适应竞争日趋激烈的变频器市场的需求。这种多功能通用变频器可以根据用户需要切换为"U/f 控制运行"或"VC 运行"方式，但价格方面却与 U/f 方式的通用变频器持平。因此，随着电力电子技术和计算机技术的发展，今后变频器的性价比将不断提高。

2. 专用变频器

（1）高性能专用变频器。

随着控制理论、交流调速理论和电力电子的发展，异步电动机的 VC 得到发展，VC 变频器及其专用电动机构成的交流伺服系统已经达到并超过了直流伺服系统。此外，由于异步电动机还具有环境适应性强、维护简单等许多直流伺服所不具备的优点，在要求高速、高精度的控制中，这种高性能交流伺服变频器正在逐步取代直流伺服系统。

（2）高频变频器。

在超精密机械加工中常采用高速电动机。为了满足其驱动要求的需要，出现了采用 PAM 控制的高频变频器，其输出主频高达 3 kHz，驱动两极异步电动机时的最高转速为 18 000 r/min。

（3）高压变频器。

高压变频器一般是大容量的变频器，最高功率可达 5 000 kW，电压等级为 3 kV、6 kV 和 10 kV。

专题 1.3　变频器的应用

变频调速已被国内外公认为最理想、最有发展前途的调速方式之一，它的应用主要表现在以下几个方面。

1.3.1　变频器在节能方面的应用

风机、泵类负载采用变频调速后，节电率可达到 20% ~ 60%，这是因为风机、泵类负载的实际消耗功率基本与转速的 3 次方成正比。当用户需要的平均流量较小时，风机、泵类采用变频调速使其转速降低，节能效果非常可观。而传统的风机、泵类采用挡板和阀门进行流量调节，电动机转速基本不变，耗电功率变化不大。据统计，风机、泵类电动机用电量占全国用电量的 31%，占工业用电量的 50%。在此类负载上使用变频调速装置具有非常重要的意义。以节能为目的的变频器的应用，在最近几十年来发展非常迅速，据有关方面统计，我国已经进行

图 1-3　变频器在风机上的应用

变频改造的风机、泵类负载的容量占总容量的 5% 以上，年节电约 4×10^{10} kW·h。由于风机、泵类负载在采用变频调速后可以节省大量的电能，所需的投资在较短的时间内就可以收回，因此在这一领域的应用最广泛。目前，应用较成功的示例有恒压供水、各类风机、中央空调和液压泵的变频调速，如图 1-3、图 1-4、图 1-5 所示。

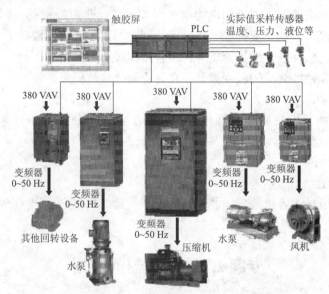

图 1-4 变频器在中央空调系统中的应用

图 1-5 变频器在恒压供水系统中的应用

1.3.2 变频器在自动化系统中的应用

由于控制技术的发展,变频器除了具有基本的调速控制之外,更具有了多种算术运算和智能控制功能,输出频率精度高达 0.1%~0.01%。它还设置有完善的检测、保护环节,因此在自动化控制系统中得到了广泛的应用。例如,化纤工业中的卷绕、拉伸、计量、导丝;玻璃工业中的平板玻璃退火炉、玻璃窑搅拌、拉边机;电弧炉自动加料、配料系统以及电梯的智能控制系统等,如图 1-6 所示。

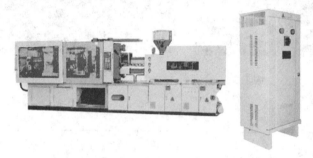

图 1-6 变频器在注塑机上的应用

1.3.3 变频器在提高工艺水平和产品质量方面的应用

变频器还广泛地应用于传送、起重、挤压和机床等各种机械设备的控制领域,它可以提高工艺水平和产品质量,减少设备冲击和噪声,延长设备使用寿命。采用变频调速控制后,可以使机械设备简化,操作和控制更加方便,有的甚至可以改变原有的工艺规范,从而提高整个设备的功能。图 1-7、图 1-8 所示为变频器在生产线上的应用。

图 1-7 变频器在陶瓷生产线上应用

图1-8 变频器在保温棉生产线上的应用

思考与练习

1. 什么是变频器？变频器的作用是什么？
2. 变频器的发展趋势是什么？
3. 按照用途变频器有哪些种类？其中电压型变频器和电流型变频器的主要区别在哪里？
4. 简述变频器的主要应用场合。

模块 2 变频器的工作原理

现在使用的变频器主电路大多数为交-直-交电压型变频器,它是由整流器、中间电路和逆变器组成,而对逆变器的控制主要采用 U/f 控制、VC 和直接转矩控制 3 种方式。变频器的组成方框图如图 2-1 所示。

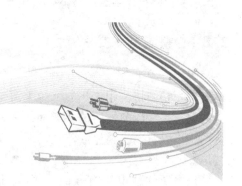

图 2-1 变频器的组成方框图

专题 2.1 变频器的主电路

交-直-交电压型变频器典型主电路如图 2-2 所示。

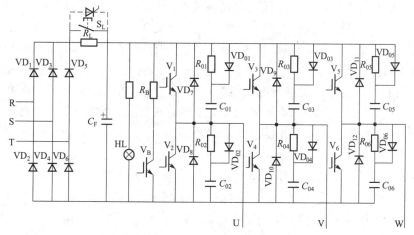

图 2-2 交-直-交电压型变频器典型主电路

2.1.1 整流器（交-直）

图 2-2 中的整流器由 $VD_1 \sim VD_6$ 组成三相整流桥，它们将三相 380 V 工频交流电整流成直流电，其整流前、后的波形如图 2-3 所示。从图中可以看出，整流后的波形是一个脉动的波形。

设电源的线电压有效值为 U_L，那么三相全波整流后的平均直流电压 U_D 大小是：

$$U_D = 1.35 U_L = 1.35 \times 380 \text{ V} = 513 \text{ V}$$

整流管 $VD_1 \sim VD_6$ 通常采用可以承受高电压大电流、具有较大耗散功率的电力二极管，其外形如图 2-4 所示。

2.1.2 中间电路

中间电路包括滤波电路、限流电路和制动电路 3 部分。

1. 滤波电路

整流电路输出的整流电压是脉动的直流电压，必须加以滤波。图 2-2 中的滤波电容 C_F 的主要作用就是对整流电压进行滤波，另外，

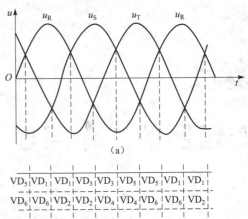

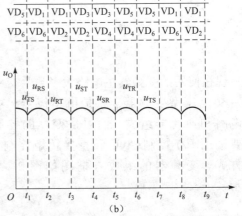

图 2-3 三相桥式整流器的电压波形
（a）三相交流电压波形；(b) 输出电压波形

它在整流器与逆变器之间起去耦作用，以消除相互间的干扰。值得指出的是，C_F 是一个大容量电容器，这样可使加于负载上的电压值不受负载变动的影响，基本保持恒定，通常称这样的变频器为电压型变频器。电压型变频器逆变电压波形为方波，而电流波形经电动机绕组感性负载滤波后接近于正弦波，如图 2-5 所示。如果将滤波电路的元件改为电感，如图 2-6 所示，这样可使加于逆变器的电流值稳定不变，所以输出电流基本不受负载影响，通常称这样的变频器为电流型变频器。电流型变频器逆变电流波形为方波，而电压波形经电动机绕组感性负载的滤波后接近于正弦波，如图 2-7 所示。

2. 限流电路

在电压型变频器的二极管整流电路中，由于在接通电源时滤波电容 C_F 的充电电流很大，该电流过大时能使三相整流桥损坏，还可能形成对电网的干扰，影响同一电源系统的其他装置正常工作。为了限制滤波电容 C_F 的充电电流，在变频器开始接通电源的一段时间内，电路串入限流电阻 R_L，当滤波电容 C_F 充电到一定程度时将 S_L 闭合，将 R_L 短接。

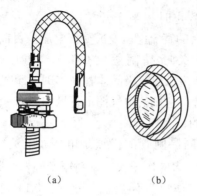

图 2-4 电力二极管的外形
（a）螺旋式二极管；（b）平板式二极管

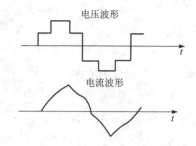

图 2-5 电压型变频器输出电压及电流波形

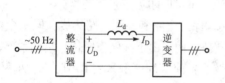

图 2-6 电流型变频器的电路框图

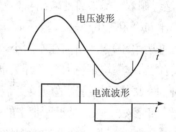

图 2-7 电流型变频器输出电压及电流波形

3. 制动电路

制动电路包括制动电阻 R_B 和制动控制管 V_B。

（1）制动电阻 R_B。电动机在降速时处于再生制动状态，回馈到直流电路中的能量将使电压 U_D 不断上升，可能导致危险。因此需要将这部分能量消耗掉，使 U_D 保持在允许的范围内，制动电阻 R_B 就是用来消耗这部分能量的。

（2）制动控制管 V_B。制动控制管一般由功率晶体管 GTR（或 IGBT）及其驱动电路构成，其作用是控制流经 R_B 的放电电流。

2.1.3 逆变器（直-交）

1. 电路组成

逆变器的基本作用是将直流变成交流，是变频器的核心部分。它一般由逆变桥、续流电路和缓冲电路组成。

（1）逆变桥。

在图 2-2 中，由 $V_1 \sim V_6$ 组成三相逆变桥。$V_1 \sim V_6$ 工作在开关状态，其导通时相当于

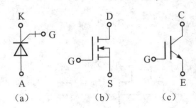

图 2-8 常用逆变管的电气图形符号
(a) GTO; (b) MOSFET; (c) IGBT

开关接通，截止时相当于开关断开。$V_1 \sim V_6$ 交替通、断，将整流后的直流电压变成交流电压。目前，常用的逆变管有可关断晶闸管（GTO）、电力场效应管（MOSFET）、绝缘栅双极晶体管（IGBT）和智能功率模块（IPM）等，它们的电气图形符号如图 2-8 所示。

其各自的特点如下：

① 可关断晶闸管的优点是电压、电流容量较大，目前其电压可达到 6 000 V，电流可达到 6 000 A，多应用于大功率高压变频器。其缺点是：驱动功率大，驱动电路复杂；关断控制易失效，工作频率不够高，一般在 10 kHz 以下。

② 电力场效应管属于电压驱动型器件，其输入阻抗高，驱动功率小，驱动电路简单；开关速度快，开关频率可达 500 kHz 以上。MOSFET 的缺点是电流容量小，耐压低。

③ 绝缘栅双极晶体管的输出特性好，开关速度快，工作频率高，一般可达 20 kHz 以上，其通态压降比 MOSFET 低，输入阻抗高，耐压、耐流能力比 MOSFET 高，最大电流可达 1 800 A，最高电压可达 4 500 V。目前在中、小容量变频器电路中，IGBT 的应用处于绝对优势。

④ 智能功率模块是将大功率开关器件、驱动电路、保护电路和检测电路集成在同一个模块内。这种功率集成模块特别适应逆变器高频化发展的需要，而且由于高度集成化和结构紧凑，避免了由于分布参数、保护延迟所带来的一系列技术难题。目前 IPM 一般采用 IGBT 作为功率开关器件，构成一相或三相逆变器的专用功能模块，在中、小容量变频器中广泛应用。

（2）续流电路。

续流电路由反向并联在 6 个逆变管的 6 个续流二极管 $VD_7 \sim VD_{12}$ 组成。续流二极管主要有以下功能：

① 由于电动机是一种感性负载，在导通的桥臂开关管关断时，电流不可能降为零，此时由与其并联的二极管进行续流，将其能量返回直流电源。

② 当电机降速时，电动机处于再生制动状态，$VD_7 \sim VD_{12}$ 为再生电流返回直流电源提供通道。

（3）缓冲电路。

缓冲电路由 $R_{01} \sim R_{06}$、$VD_{01} \sim VD_{06}$、$C_{01} \sim C_{06}$ 组成。当逆变管 $V_1 \sim V_6$ 每次由导通状态切换至截止状态的关断瞬间，集电极和发射极（即 C、E）之间的电压 U_{CE} 很快地由 0 V 升至直流电压 U_D，这过高的电压增长率会导致逆变管损坏。$C_{01} \sim C_{06}$ 的作用就是减少电压增长率。当逆变管 $V_1 \sim V_6$ 每次由截止状态切换到导通状态的瞬间，$C_{01} \sim C_{06}$ 上所充的电压将向 $V_1 \sim V_6$ 放电。该放电电流的初始值是很大的，$R_{01} \sim R_{06}$ 的作用就是减小 $C_{01} \sim C_{06}$ 的放电电流。而 $VD_{01} \sim VD_{06}$ 接入后，在 $V_1 \sim V_6$ 的关断过程中，使 $R_{01} \sim R_{06}$ 不起作用。而在 $V_1 \sim V_6$ 的接通过程中，又迫使 $C_{01} \sim C_{06}$ 的放电电流流经 $R_{01} \sim R_{06}$。

2. 逆变原理

电压型三相桥式逆变电路的基本工作方式是180°导通方式，即每个桥臂的导电角度为180°，同一组上、下两个桥臂的两个逆变管交替导电，6个逆变管每隔60°触发导通一次，相邻两相的逆变管触发导通时间互差120°，一个周期共换相6次，对应6个不同的工作状态。逆变器输出的电压波形如图2-9所示，图中N为电动机的中心点。

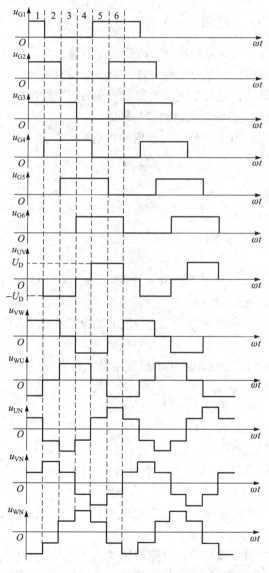

图2-9　180°导电型三相逆变器的输出电压波形

从上述分析可以看出,通过6个开关的交替工作可以得到一个三相交流电,只要调节开关的通断速度就可调节交流电频率。当然交流电的幅值可通过调节 U_D 的大小来实现。

专题 2.2　变频器的控制方式

2.2.1　变频变压（U/f）控制

前已述及,改变逆变管的通断速度就可改变变频器输出交流电的频率,其中输出交流电的幅值等于整流后的直流电压。经过研究发现,异步电动机调速时仅仅改变变频器输出的交流电频率,并不能正常调速,还必须同步改变变频器的交流输出电压。这是为什么呢?

1. 变频对异步电动机定子绕组反电动势的影响

由《电机学》中的相关知识可知,异步电动机的轴转速为

$$n = \frac{60f}{p}(1-s) \tag{2-1}$$

式中　n——电动机的转速,r/min;

　　　f——定子供电频率,Hz;

　　　s——异步电动机的转差率;

　　　p——磁极对数。

由公式（2-1）可知,只要平滑地调节异步电动机的供电频率 f,就可以平滑地调节异步电动机的转速,实现调速运行。

异步电动机在调速时,电机的每相定子绕组的感应电动势 E 的有效值为

$$E = 4.44 k_N f N \Phi_m \tag{2-2}$$

式中　E——旋转磁场切割定子绕组产生的感应电动势,V;

　　　f——定子供电频率,Hz;

　　　N——定子每相绕组串联匝数;

　　　k_N——与绕组有关的结构常数;

　　　Φ_m——每极磁通量,Wb。

由式（2-2）可知,如果定子每相电动势的有效值 E 不变,改变定子供电频率时会出现下面两种情况:

如果 f 大于电动机的额定频率 f_N,气隙磁通 Φ_m 就会小于额定气隙磁通 Φ_{mN},结果电动机的铁芯没有得到充分利用,造成浪费。

如果 f 小于电动机的额定频率 f_N,气隙磁通 Φ_m 就会大于额定气隙磁通 Φ_{mN},结果电动机的铁芯产生过饱和,从而导致过大的励磁电流,使电动机功率因数、效率下降,严重时会因绕组过热烧坏电动机。

由此可见，变频调速时，单纯调节频率的办法是行不通的。

因此，要实现变频调速，且在不损坏电动机的情况下充分利用电机铁芯，应保持每极磁通 Φ_m 不变。

2. 额定频率以下的调速

由式（2-2）可知，要保持气隙磁通 Φ_m 不变，当频率 f 从额定频率 f_N 向下调节时，必须降低 E，使 E/f = 常数，即采用电动势与频率之比恒定的控制方式。但绕组中的感应电动势不易直接控制，当电动势的值较高时，可以认为电机的输入电压 $U = E$，即可通过控制 U 达到控制 E 的目的，即保持

$$\frac{U}{f} = 常数 \tag{2-3}$$

通过以上分析可知，在额定频率以下调速时（$f < f_N$），调频的同时也要调压。

在恒压频比条件下改变频率时，异步电动机的机械特性基本上是平行下移的，不同的运行速度，电动机输出的转矩恒定，如图 2-10 所示。因此，额定频率以下的调速属于"恒转矩"调速。

需要注意的是，当频率较低，即电机低速时，U 和 E 都较小，电机定子绕组上的压降不能忽略。这种情况下，可以人为地提高定子电压以补偿定子压降的影响，使气隙磁通基本保持不变。如图 2-11 恒转矩调速部分所示，其中曲线 1 为 U/f = 常数时电压、频率关系曲线，曲线 2 为有电压补偿时（近似的 E/f = 常数）的电压、频率关系曲线。

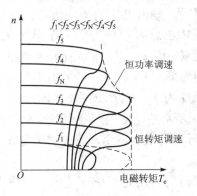

图 2-10 异步电动机变频调速的机械特性

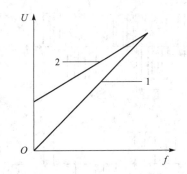

图 2-11 U/f 控制曲线

3. 额定频率以上的调速

当电动机超过额定频率 f_N 工作时，由于电压 U 受其额定电压 U_N 的限制不能再升高，只能保持 $U = U_N$ 不变。必然使主磁通 Φ_m 随着 f 的上升而减小，电机的最大电磁转矩也减小，机械特性上移，但电机的转速与转矩的乘积即电机的输出功率却保持不变，如图 2-10 中恒功率调速部分所示。因此，额定频率以下的调速属于"恒功率"调速。

把额定频率以下的调速和额定频率以上的调速结合起来，可得到变频器的基本控制曲线如图 2-12 所示。

4. 变频变压的实现方法

要使变频器在频率变化的同时电压也同步变化，并且保持 $U/f=$ 常数，通常采用正弦脉宽调制 SPWM（Sinusoidal Pulse Width Modulation）的方法。

脉宽调制 PWM 的指导思想是将输出电压分解成很多脉冲，调频时控制脉冲的宽度和脉冲间的间隔时间就可控制输出电压的幅值，如图 2-13 所示。

从图中可以看到，脉冲的宽度 t_1 越大，脉冲的间隔 t_2 越小，输出电压的平均值就越大。为了说明 t_1、t_2 和电压平均值之间的关系，引入了占空比的概念。所谓占空比是指脉冲宽度与一个脉冲周期的比值，用 D 表示，即

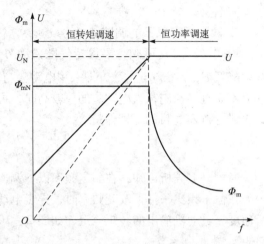

图 2-12　变频器的基本控制曲线

$$D = \frac{t_1}{t_1 + t_2}$$

由此可以说，输出电压的平均值与占空比成正比，调节电压输出就可以转变为调节脉冲的宽度，所以叫脉宽调制。图 2-13（a）所示为调制前的波形，电压周期为 T_N，图 2-13（b）所示为调制后的波形，电压周期为 T_x。与图 2-13（a）所示相比，图 2-13（b）所示的电压周期变大（也就是说频率降低），电压脉冲的幅值不变，而占空比则减小，故平均电压降低。

由于变频器的输出是正弦交流电，即输出电压的幅值是按正弦波规律变化，因此在一个周期内的占空比也必须是变化的。也就是说，在正弦波的幅值部分，D 取大一些，在正弦波到达零处，D 取小一些，如图 2-14 所示。

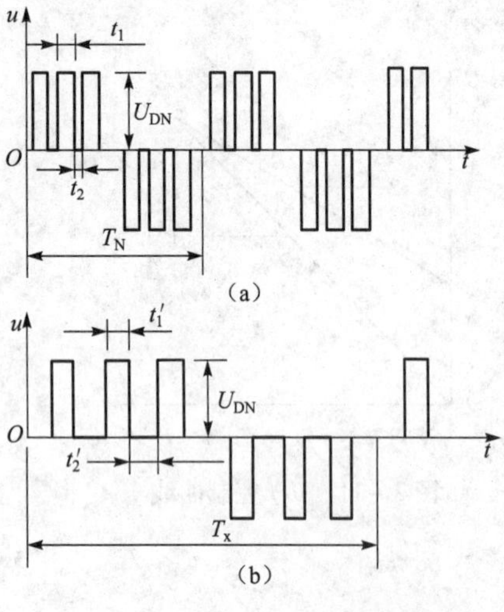

图 2-13　脉宽调制的输出电压
(a) 调制前的波形；(b) 调制后的波形

可以看到，这种脉宽调制的占空比是按正弦规律变化的，因此这种调制方法被称为正弦波脉宽调制，即 SPWM。在 SPWM 的脉冲系列中，各脉冲的脉冲宽度 t_1 和脉冲间隔 t_2 都是变化的。

那么变频器的正弦脉宽调制 SPWM 是如何产生的呢?通常是利用 3 个互差 120°、既变幅又变频的正弦波参考电压波 u_{rU}、u_{rV}、u_{rW} 与载频三角波 u_c 互相比较后,得到三相幅值不变而宽度按照正弦规律变化的脉冲调制波,去控制逆变管的通断时间进行调压、调频。经过 SPWM 调制的变频器 U、V、W 3 个端子输出的电压波形 u_U、u_V、u_W 如图 2-15 所示。

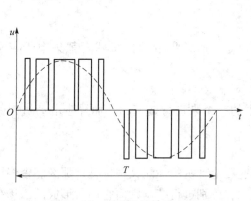

图 2-14 SPWM 的输出电压

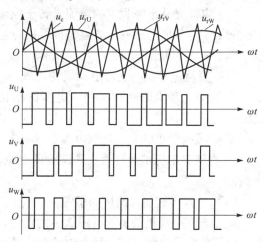

图 2-15 变频器 U、V、W 端子输出的电压波形

2.2.2 矢量控制

矢量控制是通过控制变频器输出电流的大小、频率及相位,用以维持电动机内部的磁通为设定值,产生所需的转矩。它是从直流电动机的调速方法得到启发,利用现代计算机技术解决了大量的计算问题,从而使得矢量控制方式得到了成功的实施,成为高性能的异步电动机控制方式。

1. 矢量控制的理论基础

异步电动机的矢量控制是建立在动态数学模型的基础上的。数学模型的推导是一个专门性的问题,这里不再做数学推导,仅就矢量控制的概念做简要说明。

(1) 直流电动机的调速特征。

直流电动机具有两套绕组,即励磁绕组和电枢绕组,它们的磁场在空间上互差 π/2 电角度,两套绕组在电路上是互相独立的。直流电动机的励磁绕组流过电流 I_F 时产生主磁通 Φ_M,电枢绕组流过负载电流 I_A,产生的磁场为 Φ_A,两磁场在空间互差 π/2 电角度。直流电动机的电磁转矩可以用式(2-4)表示,即

$$T = C_T \Phi_M I_A \tag{2-4}$$

当励磁电流 I_F 恒定时,Φ_M 的大小不变。直流电动机所产生的电磁转矩 T 和电枢电流 I_A 成正比,因此调节 Φ_A 就可以调速。而当 I_A 一定时,控制 I_F 的大小可以调节 Φ_M,也就可以

调速。这就是说，只需要调节两个磁场中的一个就可以对直流电动机调速。这种调速方法使直流电动机具有良好的控制性能。

（2）异步电动机的调速特征。

异步电动机虽然也有两套绕组，即定子绕组和转子绕组，但只有定子绕组和外部电源相接，定子电流是从电源吸取的电流，转子电流是通过电磁感应产生的感应电流。因此异步电动机的定子电流应包括两个分量，即励磁分量和负载分量。励磁分量用于建立磁场；负载分量用于平衡转子电流磁场。

（3）直流电动机与交流电动机的比较。

① 直流电动机的励磁回路、电枢回路相互独立，而异步电动机将两者都集中于定子回路。

② 直流电动机的主磁场和电枢磁场互差 $\pi/2$。

③ 直流电动机是通过独立地调节两个磁场中的一个来进行调速的，而异步电动机则做不到。

（4）对异步电动机调速的思考。

既然直流电动机的调速有那么多的优势，调速后电动机的性能又很优良，那么能否将异步电动机的定子电流分解成励磁电流和负载电流，并分别进行控制，而它们所形成的磁场在空间上也能互差 $\pi/2$？如果能实现上述设想，异步电动机的调速就可以和直流电动机相差无几了。

2. 矢量控制中的等效变换

异步电动机的定子电流实际上就是电源电流，将三相对称电流通入异步电动机的定子绕组中，就会产生一个旋转磁场，这个磁场就是主磁场 Φ_M。设想一下，如果将直流电流通入某种形式的绕组中，也能产生和上述旋转磁场一样的 Φ_M，那么就可以通过控制直流电流来实现先前所说的调速设想。

（1）坐标变换的概念。

由三相异步电动机的数学模型可知，研究其特性并控制运行时，若用两相就比三相简单，如果能用直流控制就比交流控制更方便。为了对三相系统进行简化，就必须对电动机的参考坐标系进行变换，这就称为坐标变换。在研究矢量控制时，定义有3种坐标系，即三相静止坐标系（3 s）、两相静止坐标系（2 s）和两相旋转坐标系（2 r）。

众所周知，交流电动机三相对称的静止绕组 A、B、C 通入三相平衡的正弦电流 i_A、i_B、i_C 时，所产生的合成磁动势是旋转磁动势 F，它在空间呈正弦分布，并以同步转速 ω_1 按 A、B、C 相序旋转，其等效模型如图 2-16（a）所示。图 2-16（b）则给出了两相静止绕组 α 和 β，它们在空间互差 90°，再通以时间上互差 90°的两相平衡交流电流，也能产生旋转磁动势，与三相等效。图 2-16（c）则给出两个匝数相等且互相垂直的绕组 M 和 T，在其中分别通以直流电流 i_M 和 i_T，在空间产生合成磁动势 F。如果让包含两个绕组在内的铁芯（图中以圆表示）以同步转速 ω_1 旋转，则磁动势 F 也随之旋转成为旋转磁动势。如果能把这个旋转磁动势的大小和转速也控制成 A、B、C 和 α 与 β 坐标系中的磁动势一样，那么，这套旋转的直流绕组也就和这两套交流绕组等效了。当观察者站到铁芯上和绕组一起旋转时，会看到 M 和 T 是两个通以直流而相互垂直的静止绕组，如果使磁通矢量 Φ 的方向在 M 轴上，就和一台直流电动机模型没有本质上的区别。可以认为，绕组 M 相当于直流电动机的励磁绕组，T 相当于电枢绕组。

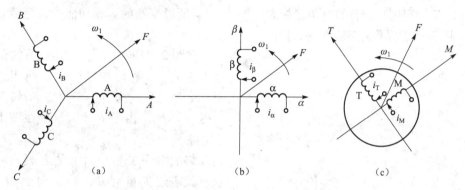

图 2-16 异步电动机的几种等效模型
(a) 三相电流绕组；(b) 两相交流绕组；(c) 旋转的直流绕组

(2) 三相/二相（3 s/2 s）变换。

三相静止坐标系 A、B、C 和两相静止坐标系 α 和 β 之间的变换，称为 3 s/2 s 变换。变换原则是保持变换前的功率不变。

设三相对称绕组（各相匝数相等、电阻相同、互差 120°空间角）内通入三相对称电流 i_A、i_B、i_C 形成定子磁动势，用 F_3 表示，如图 2-17（a）所示。两相对称绕组（匝数相等、

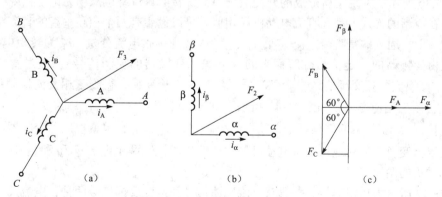

图 2-17 绕组磁动势的等效关系
(a) 三相绕组；(b) 两相绕组；(c) 磁动势

电阻相同、互差90°空间角）内通入两相电流后产生定子旋转磁动势，用 F_2 表示，如图 2-17（b）所示。适当选择和改变两套绕组的匝数和电流，即可使 F_3 和 F_2 的幅值相等。若将这两种绕组产生的磁动势置于同一图中比较，并使 $F_α$ 与 F_A 重合，如图 2-17（c）所示，完成三相/二相（3 s/2 s）变换。

（3）二相/二相（2 s/2 r）旋转变换。

二相/二相旋转变换又称为矢量旋转变换。因为 α 和 β 绕组在静止的直角坐标系（2 s）上，而 M、T 绕组则在旋转的直角坐标系（2 r）上，所以变换的运算功能由矢量旋转变换来完成。图 2-18 所示为旋转变换矢量图。

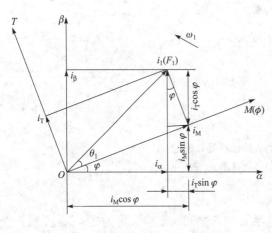

图 2-18 旋转变换矢量图

在图 2-18 中，静止坐标系的两相交流电流 $i_α$、$i_β$ 和旋转坐标系的两相直流电流 i_M、i_T 均合成为 i_1，产生以 $ω_1$ 转速旋转的磁动势 F_1。由于 $F_1 ∝ i_1$，故在图上亦用 i_1 代替 F_1。图中的 $i_α$、$i_β$、i_M、i_T 实际上是磁动势的空间矢量，而不是电流的时间相量。设磁通矢量为 $Φ$，并定向于 M 轴上，$Φ$ 和 α 轴的夹角为 $φ$，$φ$ 是随时间变化的，这就表示 i_1 的分量 $i_α$、$i_β$ 长短也随时间变化，但 $i_1(F_1)$ 和 $Φ$ 之间的夹角 $θ_1$ 是表示空间的相位角。稳态运行时 $θ_1$ 不变，因此，i_M、i_T 大小不变，说明 M、T 绕组只是产生直流磁动势。

3. 变频器矢量控制的基本方法

图 2-16 所示 3 种绕组所形成的旋转磁场中，旋转的直流绕组磁场无论是在绕组的结构上，还是在控制的方式上都和直流电动机最相似。可以设想有两个相互垂直的直流绕组同处一个旋转体上，通入的是直流电流 i_M^* 和 i_T^*，其中 i_M^* 为励磁电流分量，i_T^* 为转矩电流分量。它们都是由变频器的给定信号分解而来的（*表示变频器的控制信号）。经过直/交变换，将 i_M^* 和 i_T^* 变换成两相交流信号 $i_α^*$ 和 $i_β^*$，再经二相/三相变换，得到三相交流控制信号 i_A^*、i_B^*、i_C^* 去控制三相逆变器，如图 2-19 所示。

因此控制 i_M^* 和 i_T^* 中的任意一个，就可以控制 i_A^*、i_B^*、i_C^*，也就控制了变频器的交流输出。通过以上变换，成功地将交流电动机的调速转化成控制两个电流量 i_M^* 和 i_T^*，从而更接近直流电动机的调速。

图 2-19 所示为反馈信号，一般有电流反馈信号和速度反馈信号两种，电流反馈用于反映负载的状态，使电流能随负载而变化。速度反馈反映出拖动系统的实际转速和给定值之间的差异，从而以最快的速度进行校正，提高了系统的动态性能。一般的矢量控制系统均需速

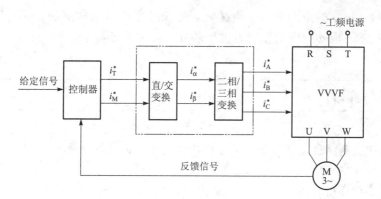

图 2-19 矢量控制的示意图

度传感器,然而速度传感器会使整个传动系统不可靠,安装也很麻烦,因此现代的变频器又通常使用无速度传感器矢量控制技术,它的速度反馈信号不是来自于速度传感器,而是通过 CPU 对电动机的一些参数进行计算得到的一个转速的实在值。对于很多新系列的变频器都设置了"无反馈矢量控制"这一功能,这里"无反馈",是指不需要用户在变频器的外部再加其他的反馈环节,而矢量控制时变频器内部还是存在反馈的。

2.2.3 直接转矩控制

1. 直接转矩控制的基本思想

直接转矩控制是继矢量控制之后发展起来的另一种高性能的异步电动机控制方式,该技术在很大程度上解决了上述矢量控制的不足,并以新颖的控制思想、简洁明了的系统结构、优良的动静态性能得到了迅速发展。

直接转矩控制的基本思想是:在准确观测定子磁链的空间位置和大小并保持其幅值基本恒定以及准确计算负载转矩的条件下,通过控制电动机的瞬时输入电压来控制电动机定子磁链的瞬时旋转速度,改变它对转子的瞬时转差率,从而达到直接控制电动机输出的目的。

直接转矩控制直接在定子坐标系下分析交流电动机的数学模型,控制电动机的磁链和转矩。它不需要将交流电动机等效为直流电动机,从而省去了矢量旋转变换中的许多复杂计算;它不需要模仿直流电动机的控制,也不需要为解耦而简化交流电动机的数学模型。

2. 直接转矩控制的特点及应用

不同于矢量控制,直接转矩控制具有鲁棒性强、转矩动态响应性好、控制结构简单、计算简便等优点;它在很大程度上解决了矢量控制中结构复杂、计算量大、对参数变化敏感等问题,然而作为一种诞生不久的新理论、新技术,自然有其不完善、不成熟之处,一是在低速区,由于定子电阻的变化带来了一系列问题,主要是定子电流和磁链的畸变非常严重;二是低速时转矩脉动大,因而限制了调速范围。

随着现代科学技术的不断发展,直接转矩控制技术必将有所突破,具有广阔的应用前景。目前,该技术已成功地应用在电力机车牵引的大功率交流传动上。

思考与练习

1. 交-直-交变频器主要由哪几部分组成?简述每部分的作用。
2. 常用逆变管有哪些?各自有什么优、缺点?
3. 简述逆变的原理。
4. 画出变频器的基本控制曲线。
5. 在何种情况下变频也需变压?在何种情况下变频不能变压?为什么?在上述两种情况下电动机的调速特性有何特征?
6. 当电动机具有恒转矩、恒功率输出时,反映在机械特性上有何特征?
7. 简述变频变压的实现方法。
8. 矢量控制的理论基础是什么?
9. 矢量控制有什么优越性?
10. 直接转矩控制有什么特点?

模块 3

变频器的基本运行项目

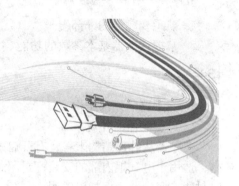

目前国内外生产的变频器种类很多,不同生产厂家生产的变频器基本使用方法和提供的基本功能大同小异,下面以我国目前应用最多的日本三菱通用变频器 FR – A540 – 0.4 K ~ 7.5 K 为例介绍变频器如何来实现对电动机的变频调速,以及怎么操作、如何接线。本模块将分 8 个项目为大家一一揭晓。本模块的项目架构见表 3 – 1。

表 3 – 1 模块 3 的项目架构

项目编号	名 称	目 标
1	初识 FR – A540 变频器	熟悉变频器的结构、基本参数
2	变频器的面板操作	熟悉变频器的面板操作方法
3	变频器 PU 运行的操作	掌握变频器 PU 运行的操作方法
4	变频器外部运行的操作	掌握变频器外部运行的操作方法
5	变频器组合运行的操作	掌握变频器组合运行的操作方法
6	变频器多挡速度运行的操作	掌握变频器多挡速度运行的操作方法
7	变频器程序运行的操作	掌握变频器程序运行的操作方法
8	变频器的 PID 控制运行操作	掌握变频器闭环运行的操作方法

项目 3.1 初识 FR – A540 变频器

项目目标

1. 熟悉变频器的铭牌。
2. 掌握变频器前盖板和操作面板的拆卸与安装。
3. 掌握变频器内、外部结构。

4. 熟悉变频器的外部端子。
5. 掌握变频器基本参数的功能。

相关知识

1. 变频器的外部结构

（1）变频器的外观。

变频器从外部结构来看，有开启式和封闭式两种。开启式的散热性能好，但接线端子外露，适用于电气柜内部的安装；封闭式的接线端子全部隐藏，不打开盖子是看不见的。下面以封闭式变频器为例加以说明。

封闭式变频器从外部看是一个长方体的柜子，如图3-1所示。从柜子的前面看，面板的左上角有两个指示灯，上面是电源指示灯，下面是报警指示灯；面板的右中是操作面板（Panel Unit，PU），型号为FR-DU04或FR-PU04，操作面板上面有按键和显示窗口；面板的下方是定额铭牌和容量铭牌，每个定额铭牌包括变频器型号、额定输入电流、额定输出电流、制造编号等，每个容量铭牌包括变频器型号和制造编号，如图3-2所示；面板的中间是辅助盖板、选件接线口、前盖板，变频器的接线端子在前盖板的下面，必须要拆掉前盖板才能接线，拆开前盖板后的柜子前视图如图3-3所示。

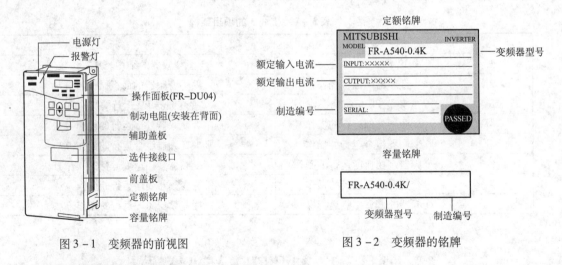

图3-1 变频器的前视图　　图3-2 变频器的铭牌

（2）前盖板的拆卸与安装。

1）拆卸。前盖板的拆卸如图3-4所示，步骤如下：

① 手握着前盖板上部两侧向下推。

② 握着向下的前盖板向身前拉，就可将其拆下（带着PU时也可以连同操作面板一起拆下）。

2）安装。

① 将前盖板的插销插入变频器底部的插孔。

② 以安装插销部分为支点将盖板完全推入机身。

⚠ 注意：安装前盖板前应拆去操作面板；为确保安全，请断开电源再拆卸和安装。

(3) 操作面板的拆卸和安装。

1) 拆卸。操作面板的拆装如图 3-5 所示。一边按住操作面板上部的按钮，一边拉向身前，即可拆下。安装时，垂直插入并牢固装上。

2) 使用连接电缆的安装。使用连接电缆的安装如图 3-6 所示，步骤如下：

① 拆去操作面板。

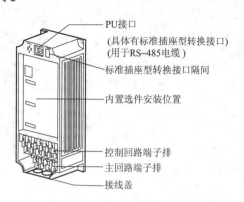

图 3-3 拆开前盖板的前视图

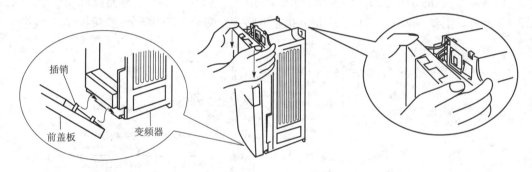

图 3-4 前盖板的拆装

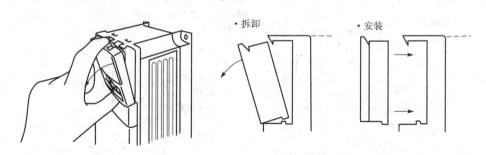

图 3-5 操作面板的拆装

② 拆下连接标准插座转换接口（将拆下的标准插座转换接口装置放置在标准转换接口隔间处）。

③ 将电缆的一端牢固地插入机身的插座上，将另一端插到 PU 上。

⚠ 注意：请不要在拆下前盖板的状态下安装操作面板。

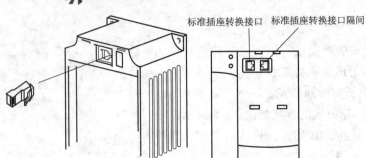

图 3-6 连接电缆的安装

2. 变频器的接线端子

变频器与外界的联系是通过接线端子来实现的。三菱 FR-A540 变频器外部端子示意图如图 3-7 所示。主要由两部分组成:一部分是主电路接线端子,另一部分是控制电路接线端子。

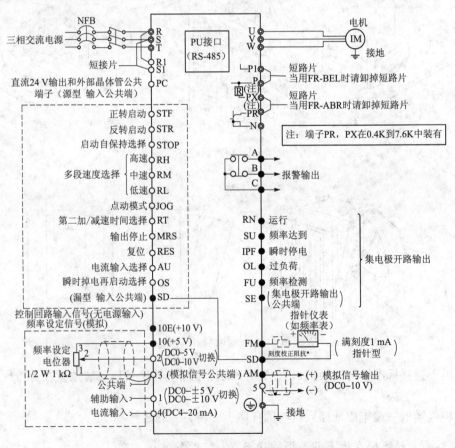

图 3-7 FR-A540 变频器外部端子示意图

(1) 变频器主接线端子。

主接线端子是变频器与电源及电动机连接的接线端子。主接线端子示意图如图3-8所示。主接线各端子的功能见表3-2。

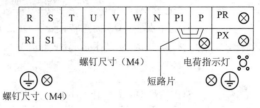

图3-8 主接线端子示意图

表3-2 主接线端子功能说明

端子记号	端子名称	说　明
R、S、T	交流电源输入	连接工频电源，当使用高功率因数转换器时，确保这些端子不连接（FR-HC）
U、V、W	变频器输出	接三相笼型电机
R1、S1	控制回路电源	与交流电源端子R、S连接。在保持异常显示和异常输出时或当使用高功率因数转换器（FR-HC）时，请拆下R-R1和S-S1之间的短路片，并提供外部电源到此端子
P、PR	连接制动电阻器	拆开端子PR-PX之间的短路片，在P-PR之间连接选件制动电阻器（FR-ABR）
P、N	连接制动单元	连接选件FR-BU型制动单元或电源再生单元（FR-RC）或高功率因数转换器（FR-HC）
P、P1	连接改善功率因数DC电抗器	拆开端子P-P1间的短路片，连接选件改善功率因数用电抗器（FR-BEL）
PR、PX	连接内部制动回路	用短路片将PX-PR间短路时（出厂设定）内部制动回路便生效（7.5K以下装有）
⏚	接地	变频器外壳接地用，必须接大地

⚠️注意：R、S、T端子与U、V、W端子绝对不能接反，否则会烧坏变频器。

(2) 变频器控制电路端子。

变频器控制电路端子包括输入信号端子、输出信号端子、模拟信号设定端子，示意图如图3-9所示，输入信号

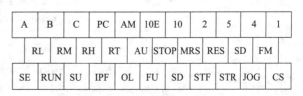

图3-9 控制电路端子示意图

端子、模拟信号设定端子的功能如表3-3所示,输出信号端子的功能如表3-4所示。

表3-3 输入信号端子功能说明

类型		端子记号	端子名称	说 明	
输入信号	启动接点·功能设定	STF	正转启动	STF信号处于ON便正转,处于OFF便停止。程序运行模式时为程序运行开始信号(ON开始,OFF静止)	当STF和STR信号同时处于ON时,相当于给出停止指令
		STR	反转启动	STR信号ON为逆转,OFF为停止	
		STOP	启动自保持选择	使STOP信号处于ON,可以选择启动信号自保持	
		RH,RM,RL	多段速度选择	用RH、RM和RL信号的组合可以选择多段速度	输入端子功能选择(Pr.180到Pr.186)用于改变端子功能
		JOG	点动模式选择	JOG信号ON时选择点动运行(出厂设定)。用启动信号(STF和STR)可以点动运行	
		RT	第2加/减速时间选择	RT信号处于ON时选择第2加减速时间。设定了[第2力矩提升][第2V/F(基底频率)]时,也可以用RT信号处于ON时选择这些功能	
		MRS	输出停止	MRS信号为ON(20 ms以上)时,变频器输出停止。用电磁制动停止电机时,用于断开变频器的输出	
		RES	复位	用于解除保护回路动作的保持状态。使端子RES信号处于ON在0.1 s以上,然后断开	
		AU	电流输入选择	只在端子AU信号处于ON时,变频器才可用直流4~20 mA作为频率设定信号	输入端子功能选择(Pr.180到Pr.186)用于改变端子功能
		CS	瞬停电再启动选择	CS信号预先处于ON,瞬时停电再恢复时变频器便可自动启动。但用这种运行必须设定有关参数,因为出厂时设定为不能再启动	
		SD	公共输入端子(漏型)	接点输入端子和FM端子的公共端。直流24 V,0.1 A(PC端子)电源的输出公共端	
		PC	直流24 V电源和外部晶体管公共端接点输入公共端(源型)	当连接晶体管输出(集电极开路输出),如可编程控制器时,将晶体管输出用的外部电源公共端接到这个端子时,可以防止因漏电引起的误动作,这端子可用于直流24 V,0.1 A电源输出。当选择源型时,这端子作为接点输入的公共端	

续表

类型		端子记号	端子名称	说　明
模拟	频率设定	10E	频率设定用电源	10 VDC，容许负荷电流 10 mA	按出厂设定状态连接频率设定电位器时，与端子 10 连接
		10		5 VDC，容许负荷电流 10 mA	当连接到 10E 时，请改变端子 2 的输入规格
		2	频率设定（电压）	输入 0～5 VDC（或 0～10 VDC）时 5 V（10 VDC）对应于为最大输出频率。输入、输出成比例，用参数单元进行输入直流 0～5 V（出厂设定）和 0～10 VDC 的切换。输入阻抗 10 kΩ，容许最大电压为直流 20 V	
		4	频率设定（电流）	DC4～20 mA，20 mA 为最大输出频率，输入、输出成比例，只在端子 AU 信号处于 ON 时，该输入信号有效，输入阻抗 250 Ω，容许最大电流为 30 mA	
		1	辅助频率设定	输入 0～±5 VDC 或 0～±10 VDC 时，端子 2 或 4 的频率设定信号与这个信号相加。用参数单元进行输入 0～±5 VDC 或 0～±10 VDC（出厂设定）的切换。输入阻抗 10 kΩ，容许电压 ±20 VDC	
		5	频率设定公共端	频率设定信号（端子 2，1 或 4）和模拟输出端子 AM 的公共端子。请不要接大地	

3. 变频器的基本参数

（1）变频器的基本参数。

变频器的基本参数如表 3-5 所示。

表 3-4 输出信号端子功能说明

类型		端子记号	端子名称	说明	
输出信号	接点	A，B，C	异常输出	指示变频器因保护功能动作而输出停止的转换接点，AC 200 V 0.3 A，30VDC 0.3 A，异常时：B-C 间不导通（A-C 间导通）；正常时：B-C 间导通（A-C 间不导通）	输出端子的功能选择通过（Pr.190 到 Pr.195）改变端子功能
	集电极开路	RUN	变频器正在运行	变频器输出频率为启动频率（出厂时为 0.5 Hz，可变更）以上时为低电平，正在停止或正在直流制动时为高电平*2。容许负荷为 DC 24 V，0.1 A	
		SU	频率到达	输出频率达到设定频率的 ±10%（出厂设定，可变更）时为低电平，正在加/减速或停止时为高电平*2。容许负荷为 DC 24 V，0.1 A	
		OL	过负荷报警	当失速保护功能动作时为低电平，失速保护解除时为高电平*2。容许负荷为 DC 24 V，0.1 A	
		IPF	瞬时停电	瞬时停电。电压不足保护动作时为低电平*2。容许负荷为 DC 24 V，0.1 A	
		FU	频率检测	输出频率为任意设定的检测频率以上时为低电平，以下时为高电平*2，容许负荷为 DC 24 V，0.1 A	
		SE	集电极开路输出公共端	端子 RUN，SU，OL，IPF，FU 的公共端子	
	脉冲	FM	指示仪表用	可以从 16 种监示项目中选一种作为输出*3，如输出频率，输出信号与监视项目的大小成比例	出厂设定的输出项目：频率容许负荷电流 1 mA 60 Hz 时 1 440 脉冲/s
	模拟	AM	模拟信号输出		出厂设定的输出项目：频率输出信号 0 到 DC 10 V 容许负荷电流 1 mA
通信	RS-485	—	PU 接口	通过操作面板的接口，进行 RS-485 通信 • 遵守标准：EIA RS-485 标准 • 通信方式：多任务通信 • 通信速率：最大：19 200 b/s • 最长距离：500 m	

表 3-5 变频器的基本参数

参数号（Pr.）	参 数 名 称	设 定 范 围	出厂设定值
0	转矩提升	0%~30%	3%或2%
1	上限频率	0~120 Hz	120 Hz
2	下限频率	0~120 Hz	0 Hz
3	基底频率	0~400 Hz	50 Hz
4	多段速度（高速）	0~400 Hz	60 Hz
5	多段速度（中速）	0~400 Hz	30 Hz
6	多段速度（低速）	0~400 Hz	10 Hz
7	加速时间	0~3 600 s	5 s
8	减速时间	0~3 600 s	5 s
9	电子过流保护	0~500 A	依据额定电流整定
10	直流制动动作频率	0~120 Hz	3 Hz
11	直流制动动作时间	0~10 s	0.5 s
12	直流制动电压	0%~30%	4%
13	启动频率	0~60 Hz	0.5 Hz
14	适用负荷选择	0~5	0
15	点动频率	0~400 Hz	5 Hz
16	点动加、减速时间	0~360 s	0.5 s
17	MRS端子输入选择	0，2	0
20	加、减速参考频率	1~400 Hz	50 Hz
77	参数禁止写入选择	0，1，2	0
78	逆转防止选择	0，1，2	0
79	运行模式选择	0~8	0

（2）变频器基本参数的意义。

1）转矩提升参数（Pr. 0）。Pr. 0参数用于补偿电动机绕组上的电压降，以改善电动机低速时的转矩性能。假定额定频率（又称基底频率）电压为 100%，用百分数设定 0 Hz 的电压。设定过大将导致电机发热；设定过小则启动力矩不够。一般最大值设定大约为 10%，如图 3-10 所示。

2）上限频率参数（Pr.1）和下限频率参数（Pr.2）。Pr.1 和 Pr.2 两个参数用于限制电动机运转的最高速度和最低速度。用 Pr.1 设定输出频率的上限，如果频率设定值高于此值，则输出频率被钳位在上限频率。当 Pr.2 设定值高于 Pr.13 启动频率设定值时，电机将运行在启动频率，不执行设定频率。在这两个值确定后，电动机的运行频率就在此范围内确定，如图 3-11 所示。

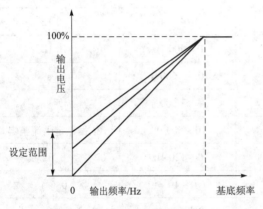

图 3-10　Pr.0 参数意义图

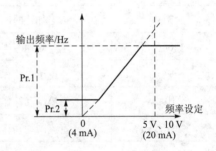

图 3-11　Pr.1、Pr.2 参数意义

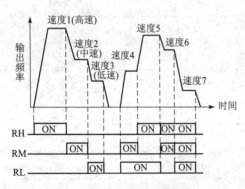

图 3-12　输入端子（RH、RM、RL）组合的状态与电动机的转速对应关系

3）基底频率参数（Pr.3）。Pr.3 参数用于调整输出电动机的额定频率值。当用标准电动机时，通常设定为电动机的额定值，当需要电动机运行在工频电源与变频器切换时，设定与电源频率相同。

4）多段速度参数（Pr.4、Pr.5、Pr.6）。Pr.4、Pr.5、Pr.6 这 3 个参数用于设定电动机的多种运行速度，但电动机的转速切换必须用开关器件通过改变变频器外接输入端子（RH、RM、RL）的状态及组合来实现。3 个输入端子（RH、RM、RL）组合的状态共有 7 种，每种状态控制着电动机的一种转速，因此电动机有 7 种不同的转速，如图 3-12 所示。

Pr.4、Pr.5、Pr.6 参数的设定与导通的输入端子之间的对应关系如表 3-6 所示。

表3–6 参数的设定与导通的输入端子之间的对应关系

导通的输入端子	RH	RM	RL	RM、RL	RH、RL	RH、RM	RH、RM、RL
参数号	Pr. 4	Pr. 5	Pr. 6	Pr. 24	Pr. 25	Pr. 26	Pr. 27

注：Pr. 24、Pr. 25、Pr. 26、Pr. 27 也是多段速度的运行参数。

5）加、减速时间参数（Pr. 7、Pr. 8）及加、减速基准频率参数（Pr. 20）。

Pr. 20 用于设定电动机的加、减速基准频率。

Pr. 7 用于设定电动机从 0 Hz 加速到 Pr. 20 指定的频率的加速时间，慢慢加速时设定得较大些，快速加速时设定得较小些。

Pr. 8 用于设定电动机从 Pr. 20 指定的频率减速到 0 Hz，Pr. 20 指定的频率的减速时间，慢慢减速时设定得较大些，快速减速时设定得较小些。

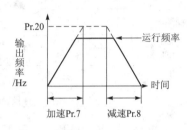

图 3 – 13 Pr. 7、Pr. 8 和 Pr. 20 参数意义

Pr. 7、Pr. 8、Pr. 20 参数的意义如图 3 – 13 所示。

6）电子过流保护参数（Pr. 9）。Pr. 9 参数用于设定电子过流保护的电流值，从而可以防止电动机过热，使电动机得到最佳的保护性能。

设定在 Pr. 9 参数时须注意以下事项：

① 当变频器连接两台或 3 台电动机时，此参数值应设为 0，电子过流功能不起作用，每台电动机必须安装热继电器来保护。

② 特殊电动机不能用过流保护，要安装外部热继电器。

③ 当控制一台电动机运行时，此参数的值应设为 1 ~ 1.2 倍的电动机额定电流。

7）直流制动相关参数（Pr. 10、Pr. 11、Pr. 12）。

Pr. 10 用于设定电动机停止时直流制动的开始作用频率。

Pr. 11 用于设定电动机停止时直流制动的作用时间。

Pr. 12 用于设定电动机停止时直流制动的电压（转矩）。

Pr. 10、Pr. 11、Pr. 12 参数的意义如图 3 – 14 所示。

8）启动频率参数（Pr. 13）。Pr. 13 参数用于设定电动机开始启动的频率。

如果设定频率（运行频率）小于 Pr. 13 的启动频率，变频器将不能启动。例如，当 Pr. 13 设定为 5 Hz 时，只有当设定的运行频率达到 5 Hz 时电动机才能启动运行。

当 Pr. 13 的值小于 Pr. 2 的设定值时，即使没有指定频率输入，只要启动信号为 ON，电动机也将运行在 Pr. 2 的设定值。

Pr. 13 参数的意义如图 3 – 15 所示。

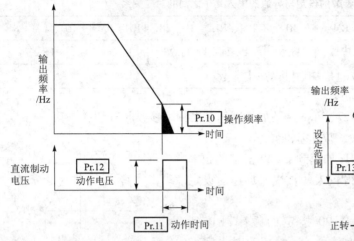

图 3-14　Pr.10、Pr.11、Pr.12 参数的意义　　图 3-15　Pr.13 参数的意义

9) 适用负荷选择参数 (Pr.14)。Pr.14 参数用于选择使用与负载特性最适宜的输出特性，即 U/f 特性。设定不同 Pr.14 参数所适用的负载如图 3-16 所示。

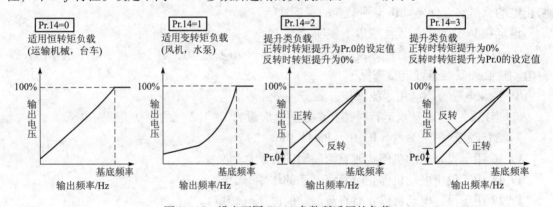

图 3-16　设定不同 Pr.14 参数所适用的负载

10) 点动运行频率 (Pr.15) 参数和点动加/减速时间 (Pr.16) 参数。

Pr.15 参数用于设定点动状态下的运行频率。但电动机的电动转速控制在不同的工作模式下有不同的操作方法。

当变频器设定在 [外部操作] 模式时，用输入端子选择点动功能（接通控制端子 SD 与 JOG 即可）；当点动信号为 ON 时，用启动信号（STF 或 STR）进行点动运行。

当变频器设定在 [PU 操作] 模式时用操作单元上的操作键（FWD 或 REV）实现点动操作。

Pr. 16 参数用于设定点动状态下的加/减速时间。

Pr. 15、Pr. 16 参数的意义如图 3-17 所示。

11）MRS 端子输入选择参数（Pr. 17）。Pr. 17 参数用于选择 MRS 端子的逻辑，以控制变频器是否有输出。Pr. 17 不同设定值变频器的工作状况如图 3-18 所示。

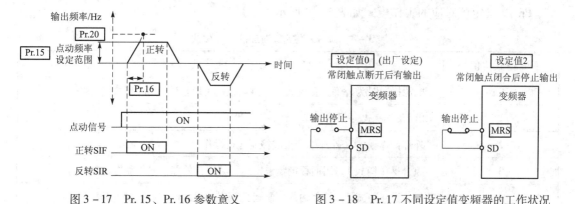

图 3-17　Pr. 15、Pr. 16 参数意义　　　图 3-18　Pr. 17 不同设定值变频器的工作状况

12）禁止写入选择参数（Pr. 77）和逆转防止选择参数（Pr. 78）。

Pr. 77 用于参数写入禁止或允许。此功能用于防止参数被意外改写。出厂时设定为 0。

Pr. 78 用于仅运行在一个方向的机械，如风机、泵等，防止由于启动信号的误动作产生的逆转事故。出厂时设定为 0。

Pr. 77、Pr. 78 不同设定值所对应的功能如表 3-7 所示。

表 3-7　Pr. 77、Pr. 78 不同设定值所对应的功能

参数号	设定值	功　　能
Pr. 77	0	在"PU"模式下，仅限于停止时，参数可以被写入
	1	不可写入参数，但 Pr. 75、Pr. 77、Pr. 79 "运行模式选择"可以写入
	2	即使运行时也可以写入
Pr. 78	0	正转和反转均可（出厂设定值）
	1	不可反转
	2	不可正转

13）操作模式选择参数（Pr. 79）。Pr. 79 用于选择变频器的操作模式。变频器可以工作在 PU 操作模式、外部操作模式和组合操作模式。

PU 操作模式表示变频器的运行完全依靠变频器面板上的键盘来控制。

外部操作模式表示变频器的运行依靠变频器的外接端子来控制。

组合操作模式表示变频器的运行同时依靠面板的键盘和外部控制端子来控制。这种工作有两种控制方式：一种是把用面板键盘设定运行频率，外部端子控制电动机启停称为组合操作模式1；另一种是把用面板键盘控制电动机启停，外部端子控制电动机频率的运行模式称为组合操作模式2。

Pr.79 设定值对应的工作模式如表3-8所示。

表3-8 Pr.79 设定值对应的工作模式

Pr.79 设定值	工 作 模 式
0	电源接通时为外部操作模式，通过增减键可以在外部和PU之间切换
1	PU操作模式（面板键盘操作）
2	外部操作模式（外部端子接线控制运行操作）
3	组合操作模式1，用面板键盘设定运行频率，外部信号控制电动机启停
4	组合操作模式2，外部输入控制运行频率，用面板键盘控制电动机启停
5	程序运行

技能训练

1. 认识 FR-A540 变频器的外观、铭牌、结构。
2. 反复练习拆装开前盖板，认识 FR-A540 变频器的所有接线端子的意义。
3. 按照图3-5所示反复练习操作面板的拆卸与安装。
4. 反复练习认识操作面板上各按键的功能和指示灯所代表的状态。
5. 训练评估表见表3-9。

表3-9 训练评估表

训 练 内 容	配分	评 分 细 则	得分
识读铭牌	5分	能完全正确识读	
前盖板的拆卸与安装	15分	能完全正确拆卸与安装	
操作面板的拆卸与安装	15分	能完全正确拆卸与安装	
操作面板上各按键的功能	20分	能完全正确识读	
安全生产	5分	能文明生产，符合操作规则	

课后练习

1. 简述前盖板、操作面板的拆卸与安装方法步骤。
2. 简述变频器主接线端子的功能。
3. 简述变频器控制电路端子的功能。
4. 简述变频器基本参数的意义。

项目 3.2　变频器的面板操作

项目目标

1. 熟练掌握变频器面板操作方法及显示特点。
2. 熟悉变频器的各种运行模式。
3. 掌握变频器运行基本参数设定方法。
4. 掌握变频器的模式切换操作和各种清除操作。
5. 掌握频率设定及监视的操作。

相关知识

变频器对异步电动机进行控制，需要根据异步电动机所带的不同生产机械的要求进行参数设置，那么变频器使用什么方法来进行这些参数的设置呢？下面来学习相关知识。

1. 变频器操作面板

（1）操作面板配置。

三菱 FR - A540 变频器操作面板的型号为 FR - DU04，操作面板上包括 LED 显示窗口、单位指示灯和操作状态指示灯、操作按键，各部分的名称如图 3-19 所示。

（2）操作面板各按键的功能。

表 3-10 列出了操作面板上各按键的功能。

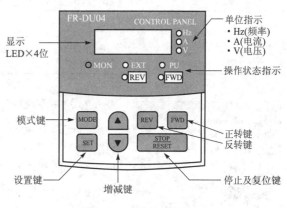

图 3-19　操作面板配置

表3-10 操作面板各按键的功能

按 键	说 明
MODE键	可用于选择操作模式或设定模式
SET键	用于确定频率和参数的设定
▲/▼键	• 用于连续增加或降低运行频率。按下这个键可改变频率 • 在设定模式中按下此键,则可连续设定参数
FWD键	用于给出正转指令
REV键	用于给出反转指令
STOP/RESET键	• 用于停止运行 • 用于保护功能动作输出停止时复位变频器(用于主要故障)

(3)操作面板指示灯。
表3-11中列出了面板上指示灯显示的状态说明。

表3-11 操作面板指示灯显示状态说明

显 示	说 明
Hz	显示频率时点亮
A	显示电流时点亮
V	显示电压时点亮
MON	监视显示模式时点亮
PU	PU操作模式时点亮
EXT	外部操作模式时点亮
FWD	正转时闪烁
REV	反转时闪烁

图3-20 合上电源后变频器操作面板显示

2. 变频器操作面板的操作

当合上电源后,操作面板的LED显示屏显示"0.00",同时MON、EXT、Hz这3个指示灯点亮,如图3-20所示,此时变频器工作在"监视模式"。在该模式下,显示屏显示变频器的输出电压、输出电流、输出频率等参数外部操作运行模式。

(1)工作模式切换。

三菱变频器除了"监视模式"外,还有"频率设定模式"、"参数设定模式"、"运行模式"、"帮助模式"。连续按动【MODE】键，可在这5种模式之间进行切换，如图3-21所示。

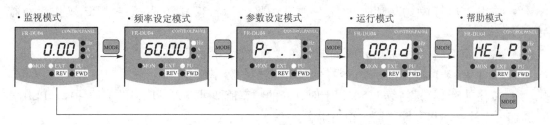

图3-21 5种工作模式操作切换示意图

（2）运行模式（也叫操作模式）切换。

该模式用来确定给定频率和电动机启动信号是由外部给定还是由操作面板的键盘给定。运行模式有外部运行（操作）、PU运行（操作）、PU点动运行（操作）3种。3种运行模式的切换有两种方法，当应用出厂时设定的"外部操作模式"应用方法一；当应用运行参数设定的"外部操作模式"应用方法二。

方法一：变频器合上电源后，按动【MODE】键至"运行模式"，显示屏显示的是"OP.nd"字样，变频器工作在出厂设定的"外部操作模式"。此时，可通过按动面板上的【▲/▼】键切换3种运行模式，如图3-22所示。

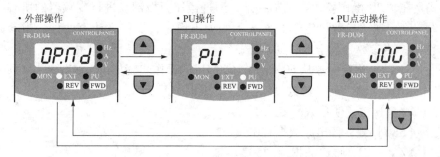

图3-22 3种运行模式之间操作切换示意图

方法二：当Pr.79的值设定为"2"时，变频器的运行模式也为"外部操作模式"。此时，如要转换为"PU操作模式"时，必须通过将Pr.79的值设定为"1"才行，反之也一样。

但上述两种方法"PU操作模式"和"PU点动操作模式"的相互转换都采用【▲/▼】键切换。

（3）频率设定模式。

该模式是在"PU操作模式"的前提下，通过操作面板键盘进行变频器运行频率的设定,运行频率的设定都必须在"频率设定模式"下进行,将运行频率从 60 Hz 改为 50 Hz 的操作步骤如下,如图 3-23 所示。

- 应用"运行模式"切换的任一种方法将"运行模式"选择在"PU 操作运行模式"下。
- 按【MODE】键,将显示画面调整在"频率设定模式"下。
- 按【▲/▼】键,将频率的数值调整在需要的频率值上。
- 按住【SET】键持续 1.5 s 以上时,新的频率值即可写入,原来的值被冲掉。LED 显示屏在写入的频率和字母"F"之间闪烁。

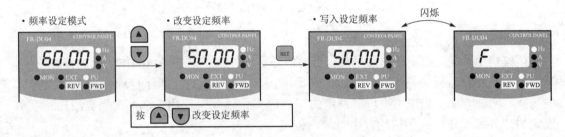

图 3-23 运行频率设定操作示意图

(4) 参数设定模式。

该模式是在"PU 操作模式"的前提下,通过操作面板键盘进行变频器的所有参数的设定,参数设定都要在"参数设定模式"显示画面下设定,操作方法有两种:当参数号小于 10 时用方法一;当参数号大于 10 时用方法二。

方法一:将 Pr.1 运行参数从 60 Hz 改为 50 Hz 的操作步骤如下,如图 3-24 所示。

- 按【MODE】键,至"参数设定模式",此时显示 Pr...。
- 按【▲/▼】键,使参数号变为 1。
- 按下【SET】键,读出原数据"60"。
- 按【▲/▼】键,更改数据为"50"。
- 按下【SET】键 1.5 s,写入的数据"50"被保存。LED 显示屏在写入的频率和字母"P.001"之间闪烁。

方法二:将参数号 Pr.79"运行模式选择"设定值从"2"(外部操作模式)变更到"1"(PU 操作模式)的设定操作步骤如下,如图 3-25 所示。

- 按【MODE】键,至"参数设定模式",此时显示 Pr...。
- 按下【SET】键,显示"P.000",且最高位的"0"闪烁。
- 按下【SET】键,显示"P.000"中间位的"0"闪烁。
- 按【▲】键 7 次或按"▼"键 3 次,将中间数字改为 7。
- 按下【SET】键,显示"P.000"最低位的"0"闪烁。

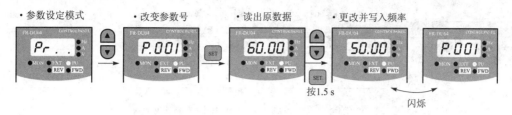

图 3-24　参数号小于 10 运行参数设定操作示意图

- 按【▲】键 9 次或按【▼】键 1 次，将最低位的数字改为 9。
- 按下【SET】键，出现原来的设定值 "2"。
- 按【▼】键，将设定值变更为 "1"。
- 按下【SET】键 1.5 s，写入的数据 "1" 被保存。LED 显示屏在写入的参数值和 "P.79" 之间闪烁。

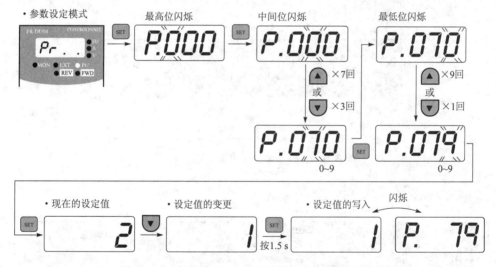

图 3-25　参数号大于 10 运行参数设定操作示意图

(5) 帮助模式。

该模式下用【▲/▼】键可以在报警记录、清除报警记录、清除参数、全部清除、用户清除、读软件版本号这 6 个功能之间进行切换，如图 3-26 所示。

1) 报警记录显示操作，如图 3-27 所示。

用【▲/▼】键能显示最近的 4 次报警（带有 "." 的表示最近的报警）。当没有报警存在时，显示 "E.—0"。

2) 报警记录清除操作，如图 3-28 所示。

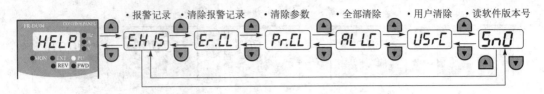

图 3-26　帮助模式下的操作示意图

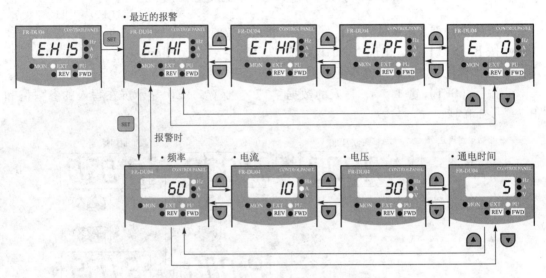

图 3-27　报警记录显示操作示意图

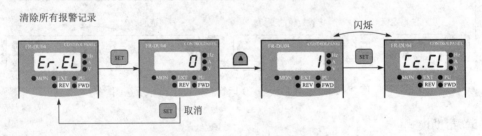

图 3-28　报警记录清除操作示意图

3) 参数清除操作。参数清除操作用于将所有参数初始化到出厂值上。变频器在出厂时，所有的参数均有一个出厂设定值，用户在使用时，根据需要可以在参数设定的允许范围内改变出厂值，但进行此项操作后，其参数又初始化到出厂值。参数清除操作方法如图 3-29 所示。

4) 全部清除操作。全部清除操作用于将所有参数和校准值全部初始化到出厂值上。注意，这里的全部清除就是将参数值和校准值全部初始化到出厂设定值,而并非全部清为"0"。以上所有的清除操作均应在"PU 操作模式"下才可进行。全部清除操作方法如图 3-30 所示。

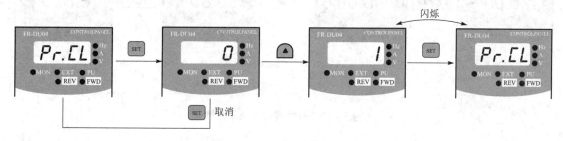

图 3-29　参数清除操作示意图

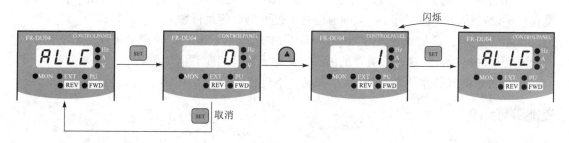

图 3-30　全部清除操作示意图

5)用户清除操作。

用户清除操作用于初始化用户设定参数,其他参数被初始化为出厂设定值,如图 3-31 所示。

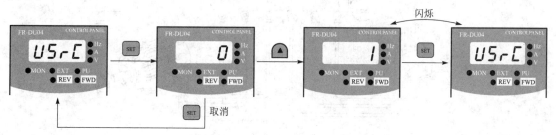

图 3-31　用户清除操作示意图

6)监视模式。

"监视模式"用于监视变频器运行过程中输出电压、输出电流、输出频率等参数。如监视频率时,LED 显示屏显示频率的值,Hz 指示灯亮。在该模式下,连续按动【SET】键,LED 显示屏内容可在频率、电流、电压之间切换,相应的指示灯也会发亮,如图 3-32 所示。

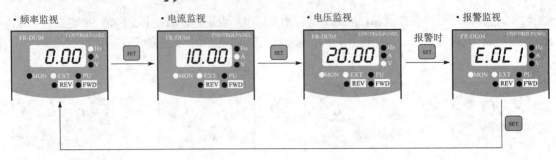

图 3-32 监视模式切换示意图

7) 各种操作的注意事项。

① 运行频率也是一种参数，但必须要在"频率设定模式"下进行，不能在"参数设定模式"下设置运行频率，同时在变频器运行中也可以设定运行频率。

② 频率设定、参数设定一定要在"PU 操作模式"下进行，否则会显示"P.5"字样（操作错误报警显示），这时最简单的清除方法是重新开启变频器电源。

③ 各种清除操作也要在"PU 操作模式"下进行。

技能训练

1. 主电路接线

主电路接线就是将变频器与电源及电动机连接。步骤如下：

（1）打开变频器的前盖板。

（2）按图 3-33 所示接线。

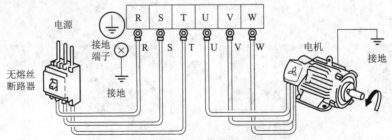

图 3-33 变频器与电源和电动机的接线
注：电动机为 0.5~1.5 kW 的三相异步电动机

⚠ 注意：电源线必须接 R、S、T，绝对不能接 U、V、W，否则会烧坏变频器。

2. 全部清除操作

为了使调试能够顺利进行，在开始设置参数前要进行一次"全部清除"操作，步骤如

图 3-34 所示。

1)按【MODE】键至"运行模式",按【▲/▼】键选择"PU 操作模式"。
2)按【MODE】键至"帮助模式"。
3)按【▲/▼】键至"ALLC"。
4)按【SET】键,按【▲】键至 LED 显示屏显示"1"并在"ALLC"之间闪烁。

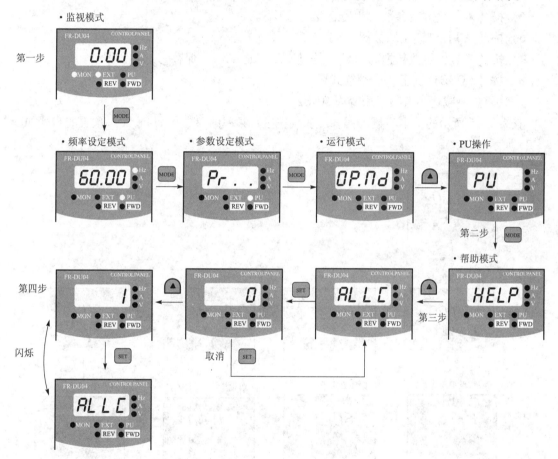

图 3-34 全部清除操作步骤

3. 参数预置

在运行前,通常要根据负载和用户的要求,给变频器预置一些参数,如上/下限频率、加/减速时间等。

(1)将加速时间预置为 5 s。

查表 3-5 所示的基本参数表得:上限频率的参数号为 Pr.7,预置的步骤如图 3-35

所示。

1）合上电源，变频器处于"监视模式"，LED 显示屏显示为"0.00"。
2）按【MODE】键至"运行模式"。
3）按【▲】键改变至"PU 操作模式"。
4）按【MODE】键至"参数设定模式"，此时显示 Pr.．．。
5）按【▲】键改变参数号，使之变为"7"。
6）按【SET】键读出原数据。
7）按【▼】键更改数据为"5"，按【SET】键 1.5 s，保存写入的数据。
8）按【MODE】键至"监视模式"。

（2）将加、减速参考频率预置为 50 Hz。

查表 3-5 所示的基本参数表得：加、减速参考频率的参数号为 Pr.20，预置的步骤如图 3-35 所示。

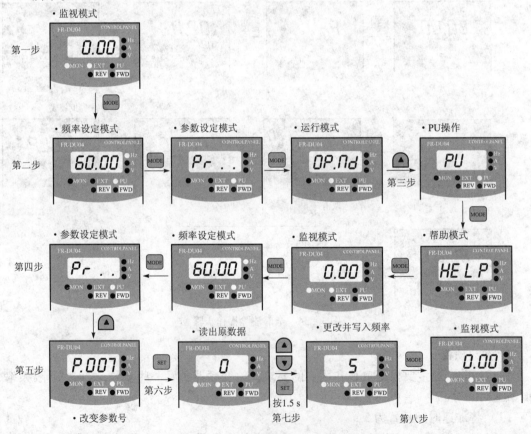

图 3-35 第一行参数设定的步骤示意图

4. 设置运行频率

例如，将运行频率设置为 50 Hz。设置步骤如图 3-36 所示。

1）按【MODE】键至"PU 操作模式"。
2）按【MODE】键至"频率设定模式"。
3）按【▲/▼】键，修改给定频率为 50 Hz。

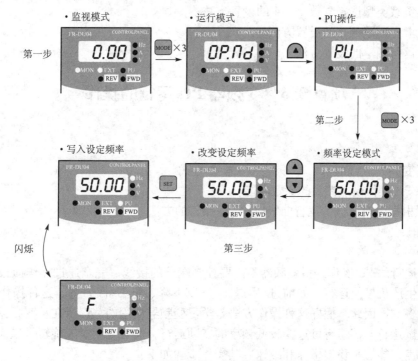

图 3-36　运行频率为 50 Hz 的设置步骤示意图

5. 训练评估

训练评估表如表 3-12 所示。

表 3-12　训练评估表

训 练 内 容	配分	扣　　分	得分
主电路接线	15 分	错误不得分	
参数清除操作	15 分	错误不得分	
运行频率预置操作	15 分	错误不得分	
参数预置操作	15 分	错误不得分	
合计			

课后练习

1. 简述出厂设定外部运行模式和通过模式选择参数设定外部运行模式的区别。
2. 简述参数号小于 10 运行参数的设置方法。
3. 简述参数号大于 10 运行参数的设置方法。
4. 简述负载类型选择参数 Pr.14 的设置方法。
5. 简述上、下限频率的设置方法。
6. 简述运行频率的设置方法。

项目 3.3　变频器 PU 运行的操作

项目目标

1. 掌握变频器运行的第一种方法：PU 操作模式。
2. 熟悉 PU 操作模式涉及的参数功能。
3. 掌握根据生产机械的运行曲线应用 PU 操作的方法。

相关知识

变频器运行的 PU 操作，指变频器不需要控制端子的接线，完全通过操作面板上的按键来控制各类生产机械的运行、如前进/后退、上升/下降、进刀/回刀等。这种操作方式是变频器用得最多的，因此掌握好这种操作方法是学习变频器使用的关键所在。变频器在正式投入运行前应试运行。试运行可选择较低频率的点动运行，此时电动机应旋转平稳，无不正常的振动和噪声，能够平稳地增速和减速。其操作步骤如下：

1. 试运行（点动运行）

1）按照图 3-33 所示，将变频器、电源及电动机三者相连接。
2）检查无误后合闸通电，按图 3-34 所示完成"全部清除操作"，并回到"监视模式"。
3）按【MODE】键至"运行模式"。
4）按【▲/▼】键至"PU 操作模式"。
5）按【MODE】键至"参数设定"画面，设定点动频率 Pr.15 的值和 Pr.16 点动加、减速时间的值。
6）按【▲/▼】键至"PU 点动操作"。
7）按【REV】或【FWD】键，电动机旋转，松开则电动机停转。

2. 连续运行

1）按图 3-34 所示完成"全部清除操作"，并返回到"监视模式"。

2）按照生产机械的运行曲线（电动机运行频率随时间变化的曲线）设定运行频率，按照生产机械的控制要求设定有关参数。

3）按面板键盘上的【FWD】键，使电动机正向运行在设定的运行频率上。

4）按面板键盘上的【STOP/RESET】键，停止电动机的运行。

5）按面板键盘上的【REV】键，使电动机反向运行在设定的运行频率上。

6）按面板键盘上的【STOP/RESET】键，停止电动机的运行。

技能训练

1. PU 操作模式的启、停练习

1）按图 3-33 所示，将变频器与电源和电动机接好。

2）检查无误后合闸通电，按操作面板上的【MODE】键，显示"参数设定"画面，在此画面下按图 3-24 所示的方法设定参数 Pr.79 = 1，"PU"灯亮。

3）按图 3-34 所示的方法，在"帮助模式"画面下，完成"全部清除操作"，并回到"监视模式"。

4）按图 3-36 所示的方法设定运行频率 $f = 30$ Hz。

5）按【MODE】键，显示"参数设定"画面，设定参数 Pr.1 = 50 Hz、Pr.2 = 3 Hz、Pr.3 = 50 Hz；Pr.7 = 3 s；Pr.8 = 4 s；Pr.9 = 2 A。

6）分别按操作面板的【FWD】和【REW】键，电动机会正转或反转在 30 Hz 的频率上。

7）按操作面板上的【STOP】键，电动机停止。

8）改变第 5）步的参数值及第 4）步的运行频率值，反复练习。

2. 按照生产机械运行曲线进行操作练习

生产机械运行曲线如图 3-37 所示。

（1）试运行（点动运行）。

1）按照图 3-33 所示，将变频器、电源及电动机三者相连接。

2）检查无误后合闸通电，按图 3-34 所示完成"全部清除操作"，并回到"监视模式"。

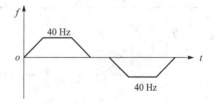

图 3-37 生产机械运行曲线

3）按【MODE】键至"运行模式"。按【▲/▼】键至"PU 操作模式"。

4）按【MODE】键至"参数设定"画面，预置点动频率 Pr.15 = 5 Hz，点动加、减速时间 Pr.16 = 5 s。

5）按【▲/▼】键至"PU 点动操作"。

6）按下面板键盘的【REV】或【FWD】键，电动机旋转，松开则电动机停转。

（2）连续运行。

1) 按图 3-34 所示完成"全部清除操作",并返回到"监视模式"。观察"MON"和"Hz"灯亮。

2) 按操作面板上的【MODE】键,显示"运行模式"画面,按【▲/▼】键切换到"PU 操作模式"。

3) 按【MODE】键,显示"参数设定"画面,预置表 3-13 中的所有参数。

4) 按图 3-36 所示的方法设定运行频率 f = 40 Hz。

5) 返回"监视模式",观察"MON"、"Hz"灯亮。

6) 按图 3-36 所示的方法设定运行频率 f = 40 Hz。

7) 按【REV】键,电动机反向运行在设定的运行频率上(40 Hz),同时,"REV"灯亮。

8) 练习完毕首先切断电源,然后拆线,最后整理好现场。

表 3-13 参数给定表

参 数 名 称	参 数 号	设置数据
上限频率	Pr. 1	50 Hz
下限频率	Pr. 2	0 Hz
基底频率	Pr. 3	50 Hz
上升时间	Pr. 7	5 s
下降时间	Pr. 8	3 s
加、减速参考频率	Pr. 20	50 Hz
运行模式	Pr. 79	1

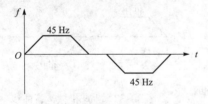

图 3-38 电梯的运行曲线

3. 应用实例

电梯的上升、下降是典型正反转控制,这种机械的运行曲线如图 3-38 所示,基本参数设定表如表 3-14 所示。操作步骤如下:

表 3-14 电梯的基本参数设定表

参 数 名 称	参 数 号	设 置 数 据
上限频率	Pr. 1	50 Hz
下限频率	Pr. 2	0 Hz

续表

参 数 名 称	参 数 号	设 置 数 据
基底频率	Pr. 3	50 Hz
上升时间	Pr. 7	15 s
下降时间	Pr. 8	20 s
加、减速基准频率	Pr. 20	50 Hz
运行模式	Pr. 79	1

1）按图3-33所示将主回路接好，检查无误后合闸通电。

2）按图3-34所示完成"全部清除操作"，并返回到"监视模式"。观察"MON"和"Hz"灯亮。

3）按操作面板上的【MODE】键，显示"运行模式"画面，按【▲/▼】键切换到"PU操作模式"。

4）按【MODE】键，显示"参数设定"画面，预置表3-14中的所有参数。

5）按图3-36所示的方法设定运行频率 $f = 45$ Hz。

6）返回"监视模式"，观察"MON"、"Hz"灯亮。

7）按图3-36所示的方法设定运行频率 $f = 45$ Hz。

8）按【REV】键，电动机反向运行在设定的运行频率上（45 Hz），同时，"REV"灯亮。

9）练习完毕首先切断电源，然后拆线，最后整理好现场。

4. 训练评估

训练评估表如表3-15所示。

表3-15 训练评估表

训 练 内 容	配分	扣 分 标 准	得分
试运行	20分	运行不正确不得分	
连续运行	30分	运行不正确不得分	
拆线整理现场	10分	不合格不得分	
合计			

课后练习

1. 简述变频器运行PU操作的含义。

2. 简述变频器连续运行 PU 操作的步骤。
3. 画出变频器点动运行 PU 操作的步骤。

项目 3.4　变频器外部运行的操作

项目目标

1. 掌握变频器运行的第二种方法：外部操作方法。
2. 掌握变频器运行外部操作的控制回路的接线图。
3. 熟悉变频器运行外部操作涉及的功能参数。
4. 了解"外部操作模式"运行与"PU 操作模式运行"的差别。

相关知识

变频器运行的外部操作，指变频器的运行频率和启停信号，是通过变频器的外部端子的接线来完成，而不是通过操作面板输入的。其操作步骤如下。

1. 试运行（点动运行）

1）按照图 3-33 所示将变频器、电源及电动机三者相连接。按照图 3-39 所示，接好控制回路，图中，开关 SA1 控制电动机正转，开关 SA2 控制电动机反转。

2）检查无误后合闸通电，按图 3-34 所示完成"全部清除操作"，并回到"监视模式"。

3）按【MODE】键至"运行模式"，按【▲/▼】键至"PU 操作模式"。

4）按【MODE】键至"参数设定"画面，设定点动频率 Pr.15 的值和 Pr.16 点动加、减速时间的值。

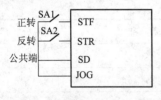

图 3-39　变频器点动运行控制回路接线

5）按【MODE】键，选择"运行模式"。

6）按【▲/▼】键，选择"外部运行模式"（OP.nd），EXT 灯亮。

7）按下开关 SA1，电动机正向点动运行在点动频率；断开开关 SA1 电动机停止。

8）按下开关 SA2，电动机反向点动运行在点动频率；断开开关 SA2 电动机停止。

2. 连续运行

操作步骤如表 3-16 所示。

表 3-16 连续运行控制步骤

步骤	说明	图示
1	断开电源，控制回路接线按如图所示进行接线 频率设定电位器采用 1 kΩ、1 W 的电位器 ㉠为频率计	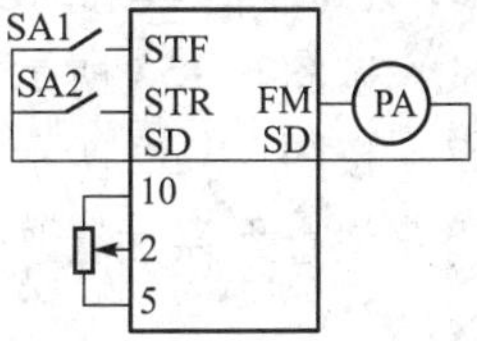
2	上电→确认运行状态 将电源处于 ON，先做"全部清除"操作，确认操作模式中显示"EXT" （没有显示时，用 键设定到操作模式，用 ▲/▼ 键切换到外部操作。或者设置 Pr.79 = 3）	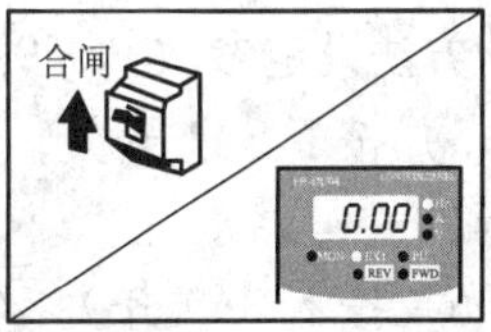
3	开始 将启动开关（STF 或 STR）处于 ON 表示运转状态的 FWD 和 REV 闪烁 注：如果正转和反转开关都处于 ON，则电机不启动。 　　　如果在运行期间，两开关同时处于 ON，电机减速至停止状态	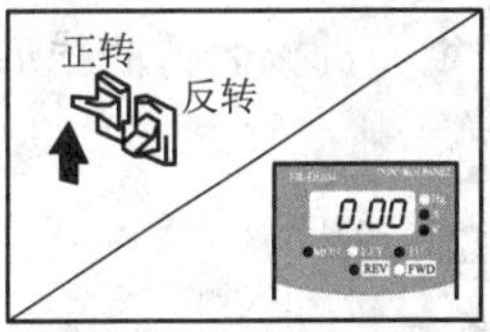
4	加速→恒速 顺时针缓慢旋转电位器（频率设定电位器）到满刻度 显示的频率数值逐渐增大，显示为 50.00 Hz	
5	减速 逆时针缓慢旋转电位器（频率设定电位器）到底 频率显示逐渐减小到 0.00 Hz。电机停止运行	
6	停止 断开启动开关（STF 或 STR）	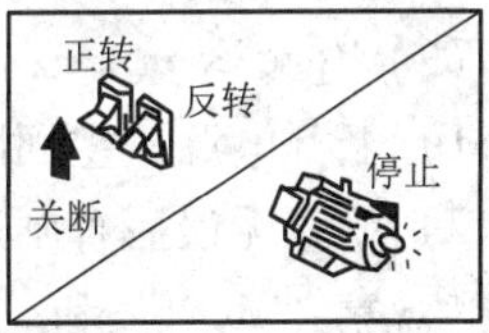

技能训练

1. 外部操作模式的启、停练习

1）按图 3-33 所示将变频器与电源和电动机接好。

2）按图 3-39 所示将控制电路接好。

3）检查无误后合闸通电,按图 3-34 所示完成"全部清除操作",并回到"监视模式"。

4）按操作面板上的【MODE】键,显示"参数设定"画面,在此画面下按图 3-35 所示的方法设定参数 Pr.79 = 2,"EXT"灯亮。

5）按下 SA1 开关,转动电位器,电动机正向加速运行。断开 SA1 开关,电动机停止运行。

6）按下 SA2 开关,转动电位器,电动机反向加速运行。断开 SA2 开关,电动机停止运行。

2. 按照生产机械运行曲线进行操作练习

生产机械运行曲线如图 3-40 所示。

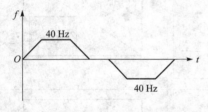

图 3-40 生产机械运行曲线

（1）试运行（点动运行）。

1）主回路按图 3-33 所示接线,控制回路按图 3-39 所示接线。

2）检查无误后合闸通电,按图 3-34 所示完成"全部清除操作",并返回到"监视模式"。观察"MON"和"Hz"灯亮。

3）按操作面板上的【MODE】键,显示"运行模式"画面,按【▲/▼】键切换到"PU 操作模式"。

4）按【MODE】键,显示"参数设定"画面,预置点动频率 Pr.15 = 5 Hz,点动加、减速时间 Pr.16 = 5 s。

5）按【MODE】键,选择"运行模式"。

6）按【▲/▼】键,选择"外部运行模式"（OP. nd）,EXT 灯亮。

7）按下开关 SA1,电动机正向点动运行在 5 Hz;断开开关 SA1,电动机停止。

8）按下开关 SA2,电动机反向点动运行在 5 Hz;断开开关 SA2,电动机停止。

（2）连续运行。

1）断开电源,主回路接线不变,将控制电路按图 3-41 所示接好线。

2）检查无误后合闸通电,按图 3-34 所示完成"全部清除操作",并返回到"监视模式"。观察"MON"和"Hz"灯亮。

3）按操作面板上的【MODE】键,显示"运行模式"画面,按【▲/▼】键切换到

"PU 操作模式"。

4）按【MODE】键，显示"参数设定"画面，预置表 3-17 中的所有参数。

5）设 Pr.79 = 2，"EXT"灯亮。

6）按下 SA1 开关，转动电位器，电动机正向逐渐加速至 40 Hz（频率从 PA 表中观测）。断开 SA1 开关，电动机停止运行。

7）按下 SA2 开关，转动电位器，电动机反向逐渐加速至 40 Hz。断开 SA2 开关，电动机停止运行。

8）练习完毕首先切断电源，然后拆线，最后整理好现场。

表 3-17 参数给定表

参 数 名 称	参 数 号	设 置 数 据
上升时间	Pr.7	5 s
下降时间	Pr.8	3 s
加、减速基准频率	Pr.20	50 Hz
基底频率	Pr.3	50 Hz
上限频率	Pr.1	50 Hz
下限频率	Pr.2	0 Hz
运行模式	Pr.79	1

3. 注意事项

1）绝对不能将 R、S、T 与 U、V、W 端子接错，否则会烧坏变频器。

2）当 SA1 与 SA2 同时合上时，相当于发出停止信号，电动机停止。

3）绝对不能按面板的【STOP】键停止电动机，否则报警显示 P，此时只要关掉电源再重新开启即可。

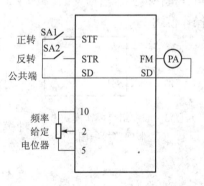

图 3-41 连续运行控制回路接线

4. 训练评估

训练评估表如表 3-18 所示。

表 3-18 训练评估表

训 练 内 容	配 分	扣 分 标 准	得 分
试运行	20 分	运行不正确不得分	
连续运行	30 分	运行不正确不得分	
拆线整理现场	10 分	不合格不得分	
合计			

课后练习

1. 简述变频器运行外部操作的含义。
2. 画出变频器连续运行外部操作的控制回路接线图。
3. 画出变频器点动运行外部操作的控制回路接线图。
4. 简述变频器连续运行外部操作的步骤。
5. 画出变频器点动运行外部操作的步骤。

项目 3.5　变频器组合运行的操作

项目目标

1. 掌握变频器运行的两种组合操作模式。
2. 掌握变频器运行组合操作的接线、参数设置及调试运行步骤。

相关知识

变频器运行的组合操作是应用面板键盘和外部接线开关共同操作变频器运行的一种方法。其特征是面板上的"PU"灯和"EXT"灯同时发亮,通过预置 Pr.79 的值,可以选择组合操作模式。当预置 Pr.79 = 3 时,选择组合操作模式 1;当预置 Pr.79 = 4 时,选择组合操作模式 2。

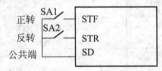

图 3-42　组合操作模式 1 控制回路接线图

1. 组合操作模式 1

当预置 Pr.79 = 3 时,选择组合操作模式 1,其含义为:运行频率由面板键盘给定,启动信号由外部开关控制。不接受外部的频率设定信号和 PU 的正、反转、停止键的控制。这种模式的控制回路接线如图 3-42 所示,操作步骤如表 3-19 所示。

表 3-19　组合操作模式 1 操作步骤

步骤	说　明	图　示
1	上电 电源 ON	合闸

续表

步骤	说　　明	图　　示
2	操作模式选择 将 Pr.79"操作模式选择"设定为"3" 选择组合操作模式，运行状态时"EXT"和"PU"指示灯都亮	P.79 闪烁 3
3	开始 将启动开关处于 ON（STF 或 STR） 注：如果正转和反转都处于 ON 则电机不启动，如果在运行期间，同时处于 ON，电机减速至停止（当 Pr.250 = "9999"）	正转 反转 50.00
4	运行频率设定 用参数单元设定运行频率为 60 Hz 运行状态显示"REV"或"FWD" ● 选择频率设定模式并进行单步设定 注：单步设定是通过按▲/▼键连续地改变频率的方法。 按下▲/▼键改变频率	▲ ▼ <单步设定>
5	停止 将启动开关处于 OFF（STF 或 STR） 电机停止运行	0.00

2. 组合操作模式 2

当预置 Pr.79 = 4 时，选择组合操作模式 2，其含义为：启动信号由面板键盘【FWD】或【REV】键控制，运行频率由外部电位器调节。这种模式的控制回路接线如图 3 – 43 所示，操作步骤如表 3 – 20 所示。

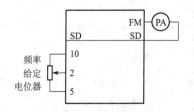

图 3 – 43　组合操作模式 2
　　　　　控制回路接线

表 3-20 组合操作模式 2 操作步骤

步骤	说明	图示
1	上电 电源 ON	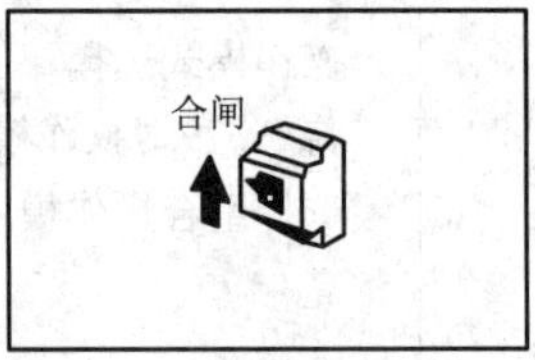 合闸
2	操作模式选择 将 Pr. 79 "操作模式选择"设定为 "4" 选择组合操作模式,运行状态时 "EXT" 和 "PU" 指示灯都亮	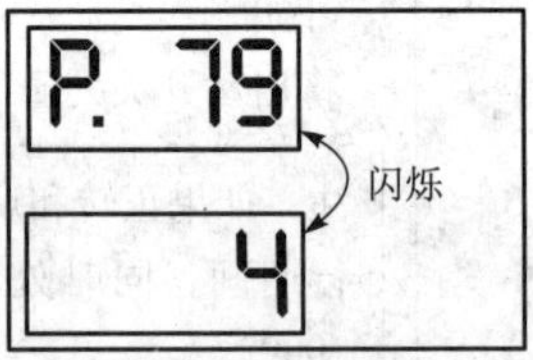 P. 79 闪烁 4
3	开始 按下【FWD】或【REV】键 表示运转状态的 FWD 和 REV 闪烁	
4	加速→恒速 顺时针缓慢旋转电位器(频率设定电位器)到满刻度 显示的频率数值逐渐增大,显示为 50.00 Hz	 50.00
5	减速 逆时针缓慢旋转电位器(频率设定电位器)到底 频率显示逐渐减小到 0.00 Hz。电机停止运行	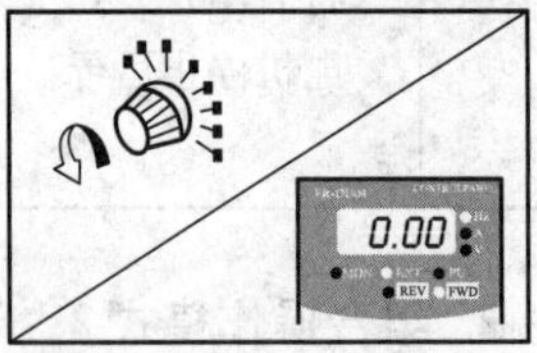 0.00
6	停止 将启动开关处于 OFF (STF 或 STR) 电机停止运行	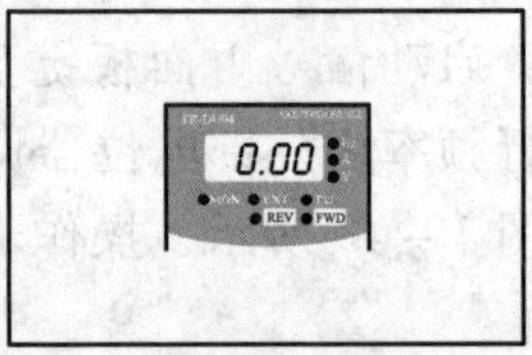 0.00

技能训练

生产机械运行曲线如图 3-44 所示。

1. 外部开关控制电动机启、停，操作面板设定运行频率

（1）参数设定表（如表 3-21 所示）。

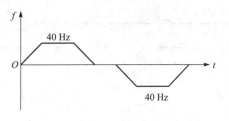

图 3-44 生产机械运行曲线

表 3-21 参数设定表

参 数 号	设 定 值	功 能
Pr. 79	3	组合操作模式 1
Pr. 1	50 Hz	上限频率
Pr. 2	0 Hz	下限频率
Pr. 3	50 Hz	基底频率
Pr. 20	50 Hz	加、减速基准频率
Pr. 7	3 s	加速时间
Pr. 8	5 s	减速时间
Pr. 9	2 A	电子过流保护（电动机 0.5 kW）

（2）操作步骤。

1）按图 3-33 所示接好主回路，按图 3-42 所示接好控制回路。

2）检查无误后合闸通电。

3）按【MODE】键显示"运行模式"画面，按【▲/▼】键切换到"PU 操作模式"。

4）按【MODE】键，显示"参数设定"画面，按表 3-21 所示设定参数，"EXT"和"PU"灯同时发亮。

5）按【MODE】键，显示"频率设定"画面，设定运行频率为 40 Hz。

6）接通 SA1 开关，电动机正转运行在 40 Hz，断开 SA1 开关电动机运转停止。

7）接通 SA2 开关，电动机反转运行在 40 Hz，断开 SA2 开关电动机运转停止。

8）改变运行的频率值并反复练习。

9）练习完毕后切断电源，拆除控制电路。

2. 用外接电位器调节频率，操作面板控制电动机启停

（1）参数设定表（如表 3-22 所示）。

表 3-22 参数设定表

参 数 号	设 定 值	功　　能
Pr. 79	4	组合操作模式 2
Pr. 1	50 Hz	上限频率
Pr. 2	2 Hz	下限频率
Pr. 3	50 Hz	基底频率
Pr. 20	50 Hz	加、减速基准频率
Pr. 7	5 s	加速时间
Pr. 8	4 s	减速时间
Pr. 9	2 A	电子过流保护（电动机 0.5 kW）

（2）操作步骤。

1）主回路接线不变，按图 3-43 所示接好控制回路。

2）检查无误后合闸通电。

3）按【MODE】键显示"运行模式"画面，按【▲/▼】键切换到"PU 操作模式"。

4）按【MODE】键，显示"参数设定"画面，按表 3-22 所示设定参数，"EXT"和"PU"灯同时发亮。

5）按下操作面板上的【FWD】键，转动电位器，观察频率指示表，电动机正向加速。

6）按下操作面板上的【REV】键，转动电位器，观察频率指示表，电动机反向加速。

7）按下操作面板上的【STOP】键，电动机停止运转。

8）练习完毕后切断电源，拆除主电路和控制电路，并清理现场。

3. 训练评估

训练评估表见表 3-23。

表 3-23 训练评估表

训 练 内 容	配 分	扣 分 标 准	得 分
组合操作模式 1	25 分	运行不正确不得分	
组合操作模式 2	25 分	运行不正确不得分	
拆线整理现场	10 分	不合格扣 10 分	
合计			

课后练习

1. 简述变频器运行组合操作的含义。
2. 画出变频器组合操作模式 1 控制回路接线图,并简述操作步骤。
3. 画出变频器组合操作模式 2 控制回路接线图,并简述操作步骤。

项目 3.6　变频器多挡速度运行的操作

项目目标

1. 掌握变频器多挡速度运行的各参数的设定方法。
2. 掌握变频器多挡速度运行的外部接线。
3. 理解多挡速度各参数的意义。

相关知识

前面讨论的是生产机械正、反转的运行速度都一样,但在实际生产中,有很多生产机械正、反转的运行速度需要经常改变,变频器如何对这种生产机械特性进行运行控制呢?基本的方法是利用"参数预置"功能将多种运行速度(频率)先行设定(FR - A540 三菱变频器最多可以设置 15 种),运行时由变频器的控制端子进行切换,得到不同的运行速度。多挡速度控制必须在外部运行模式或组合运行模式(Pr. 79 = 3、4)下才有效。

1. 7 挡速度运行变频器控制端子的接线和参数预置 Pr. 4 ~ Pr. 6

(1) 控制端子接线。

7 挡速度运行控制端子接线如图 3 - 45 所示。

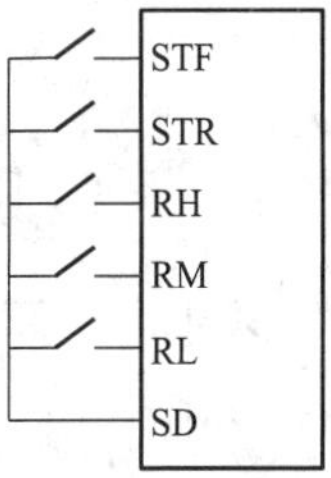

(2) 参数预置。

7 挡速度运行要设置的参数号有 Pr. 4 ~ Pr. 6、Pr. 24 ~ Pr27,与运行频率对应关系如表 3 - 24 所示。

图 3 - 45　7 挡速度运行控制端子接线

表 3 - 24　运行参数对应表

参数号	Pr. 4	Pr. 5	Pr. 6	Pr. 24	Pr. 25	Pr. 26	Pr. 27
设定值(Hz)	f_1	f_2	f_3	f_4	f_5	f_6	f_7

(3) 控制端子状态组合、预置参数与电动机运行速度的关系。

控制端子状态组合、预置参数与电动机运行速度的关系如图 3 - 46 所示。说明如下:

1) 接通 RH 端子的开关,电动机以 Pr.4 设定的频率 f_1 运行。
2) 接通 RM 端子的开关,电动机以 Pr.5 设定的频率 f_2 运行。
3) 接通 RL 端子的开关,电动机以 Pr.6 设定的频率 f_3 运行。
4) 同时接通 RM、RL 端子的开关,电动机以 Pr.24 设定的频率 f_4 运行。
5) 同时接通 RH、RL 端子的开关,电动机以 Pr.25 设定的频率 f_5 运行。
6) 同时接通 RH、RM 端子的开关,电动机以 Pr.26 设定的频率 f_6 运行。
7) 同时接通 RH、RM、RL 端子的开关,电动机以 Pr.27 设定的频率 f_7 运行。

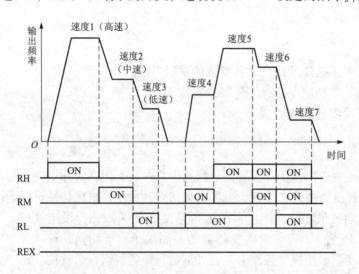

图 3-46 控制端子状态组合、预置参数与电动机运行速度的关系

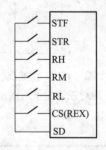

图 3-47 15 挡速度运行控制端子接线

2. 15 挡速度运行变频器控制端子的接线和参数预置

(1) 控制端子接线。

15 挡速度运行控制端子接线如图 3-47 所示。图中 REX 端子在三菱变频器的控制端子中并不存在,可以借助于 RT、AU、JOG、CS 这 4 个端子中的任一个来充当。不同端子其对应的设置参数号不同,分别对应于 Pr.184~Pr.186。

(2) 参数预置。

在前面 7 挡速度基础上,再设定 8 种速度,就变成 15 种速度运行。其方法是:

1) 改变端子功能。设 Pr.186 = 8,使 CS 端子的功能变为 RES 功能。
2) 设定运行参数,参数号为 Pr.232~Pr.239,对应关系见表 3-25。

表 3-25 运行参数对应表

参数号	Pr. 232	Pr. 233	Pr. 234	Pr. 235	Pr. 236	Pr. 237	Pr. 238	Pr. 239
设定值（Hz）	f_8	f_9	f_{10}	f_{11}	f_{12}	f_{13}	f_{14}	f_{15}

（3）控制端子状态组合、预置参数与电动机运行速度的关系。

控制端子状态组合、预置参数与电动机运行速度的关系如图 3-48 所示。说明如下：

1) 接通 REX 端子的开关，电动机以 Pr. 232 设定的频率 f_8 运行。
2) 同时接通 REX、RL 端子的开关，电动机以 Pr. 233 设定的频率 f_9 运行。
3) 同时接通 REX、RM 端子的开关，电动机以 Pr. 234 设定的频率 f_{10} 运行。
4) 同时接通 REX、RL 端子的开关，电动机以 Pr. 235 设定的频率 f_{11} 运行。
5) 同时接通 REX、RH 端子的开关，电动机以 Pr. 236 设定的频率 f_{12} 运行。
6) 同时接通 REX、RH、RL 端子的开关，电动机以 Pr. 237 设定的频率 f_{13} 运行。
7) 同时接通 REX、RH、RM 端子的开关，电动机以 Pr. 238 设定的频率 f_{14} 运行。
8) 同时接通 REX、RH、RM、RL 端子的开关，电动机以 Pr. 239 设定的频率 f_{15} 运行。

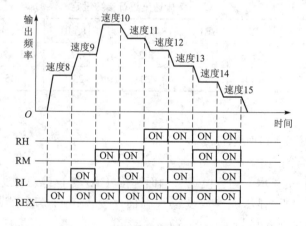

图 3-48 控制端子状态组合、预置参数与电动机运行速度的关系

技能训练

1. 7 挡速度运行操作

（1）7 挡速度运行曲线如图 3-49 所示，运行频率在图中已经注明。

（2）基本运行参数设定（见表 3-26）。

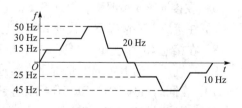

图 3-49 7 段速度运行曲线

表 3-26 基本运行参数设定

参 数 名 称	参 数 号	设 定 值
提升转矩	Pr. 0	5%
上限频率	Pr. 1	50 Hz
下限频率	Pr. 2	3 Hz
基底频率	Pr. 3	50 Hz
加速时间	Pr. 7	4 s
减速时间	Pr. 8	3 s
电子过流保护	Pr. 9	3 A（由电动机功率定）
加、减速参考频率	Pr. 20	50 Hz
运行模式	Pr. 79	3

（3）7挡速度运行参数设定（见表3-27）。

表 3-27 7段速度运行参数设定

控制端子	RH	RM	RL	RM、RL	RH、RL	RH、RM	RH、RM、RL
参数号	Pr. 4	Pr. 5	Pr. 6	Pr. 24	Pr. 25	Pr. 26	Pr. 27
设定值（Hz）	15	30	50	20	25	45	10

（4）操作步骤。

1）控制回路按图3-45所示接线。

2）检查无误后合闸通电。

3）按【MODE】键显示"运行模式"画面，按【▲/▼】键切换到"PU操作模式"。

4）按【MODE】键，显示"参数设定"画面，按表3-26所示设定基本参数，按表3-27所示设定 Pr. 4 ~ Pr. 6 和 Pr. 24 ~ Pr. 27 运行参数。

5）设定 Pr. 79 = 3，"EXT"灯和"PU"灯均发亮。

6）在接通RH情况下，接通STF，电动机正转在15 Hz。

7）在接通RM情况下，接通STF，电动机正转在30 Hz。

8）在接通RL情况下，接通STF，电动机正转在50 Hz。

9）在同时接通RM、RL情况下，接通STF，电动机正转在20 Hz。

10）在同时接通RH、RL情况下，接通STR，电动机反转在25 Hz。

11）在同时接通RH、RM情况下，接通STR，电动机反转在45 Hz。

12）在同时接通RH、RM、RL情况下，接通STR，电动机反转在10 Hz。

13）练习完毕后切断电源，拆除控制电路。

（5）注意事项。

1）运行中出现"E. LF"字样，表示变频器输出至电动机的连线有一相断线（即缺相保护），这时返回"PU 操作模式"下，进行清除操作（参照图 3 – 34），然后关掉电源重新开启即可消除。若不要此保护功能，请设定 Pr. 25 = 0。

2）出现"E. TMH"字样，表示电路过流保护动作，同样在"PU 操作模式"下，进行清除操作即可（参照图 3 – 34）。

3）Pr. 79 = 4 的运行方式属于组合操作 2，即外部控制运行频率，面板键盘控制电动机启停。实际中应用很少。

2. 15 挡速度运行操作

1）在上面 7 挡速度运行曲线基础上，另外 8 ~ 15 挡速度运行曲线如图 3 – 50 所示，运行频率在图中已经注明。

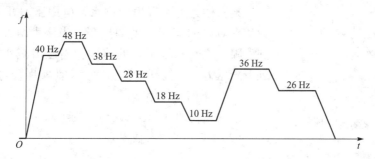

图 3 – 50　8 ~ 15 挡速度运行曲线

2）基本运行参数设定见表 3 – 26。

3）8 ~ 15 挡速度运行参数设定见表 3 – 28。

表 3 – 28　运行参数设定

参数号	Pr. 232	Pr. 233	Pr. 234	Pr. 235	Pr. 236	Pr. 237	Pr. 238	Pr. 239
设定值（Hz）	40	48	38	28	18	10	36	26

4）操作步骤。

① 控制回路按图 3 – 47 所示接线。

② 检查无误后合闸通电。

③ 按【MODE】键显示"运行模式"画面，按【▲/▼】键切换到"PU 操作模式"。

④ 按【MODE】键，显示"参数设定"画面，按表 3 – 26 所示设定基本参数，按表 3 – 27 所示设定 Pr. 4 ~ Pr. 6 和 Pr. 24 ~ Pr. 27 运行参数，按表 3 – 28 所示设定 Pr. 232 ~ Pr. 239

运行参数。

⑤ 设定 Pr.79 = 3，"EXT"灯和"PU"灯均发亮。

⑥ 改变端子功能。设 Pr.186 = 8，使 CS 端子的功能变为 REX 功能。

⑦ 接通 REX 端子的开关，电动机以 40 Hz 运行。

⑧ 同时接通 REX、RL 端子的开关，电动机以 48 Hz 运行。

⑨ 同时接通 REX、RM 端子的开关，电动机以 38 Hz 运行。

⑩ 同时接通 REX、RL 端子的开关，电动机以 28 Hz 运行。

⑪ 同时接通 REX、RH 端子的开关，电动机以 18 Hz 运行。

⑫ 同时接通 REX、RH、RL 端子的开关，电动机以 10 Hz 运行。

⑬ 同时接通 REX、RH、RM 端子的开关，电动机以 36 Hz 运行。

⑭ 同时接通 REX、RH、RM、RL 端子的开关，电动机以 26 Hz 运行。

3. 应用实例

某高楼为了实现恒压供水，应用压力开关根据管内压力实现对泵的运行速度的控制，当压力增大（用水量小）到上限压力时，减小泵的速度；当压力减小（用水量大）到下限压力时，提高泵的速度，从而实现管内压力的恒定。

（1）泵的运行曲线。

泵的运行曲线如图 3-51 所示。

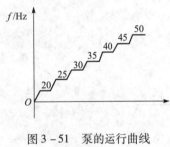

图 3-51 泵的运行曲线

（2）变频器的参数设定。

1）基本参数设定见表 3-29。

表 3-29 基本参数设定

参 数 名 称	参 数 号	设 定 值
提升转矩	Pr.0	3%
上限频率	Pr.1	50 Hz
下限频率	Pr.2	5 Hz
基底频率	Pr.3	50 Hz
加速时间	Pr.7	4 s
减速时间	Pr.8	3 s
电子过流保护	Pr.9	5 A（由电动机功率确定）
加、减速参考频率	Pr.20	50 Hz
运行模式	Pr.79	3

2) 7 段速运行参数设定见表 3-30。

表 3-30 7 段速运行参数设定

参数号	Pr. 4	Pr. 5	Pr. 6	Pr. 24	Pr. 25	Pr. 26	Pr. 27
设定值/Hz	15	25	30	35	40	45	50

(3) 操作步骤。

1) 主回路按图 3-33 所示接好,控制回路按图 3-45 所示接线。
2) 检查无误后合闸通电。
3) 按【MODE】键显示"运行模式"画面,按【▲/▼】键切换到"PU 操作模式"。
4) 按【MODE】键,显示"参数设定"画面,按表 3-26 所示设定基本参数,按表 3-27 所示设定 Pr. 4~Pr. 6 和 Pr. 24~Pr. 27 运行参数。
5) 设定 Pr. 79 = 3,"EXT"灯和"PU"灯均发亮。
6) 在接通 RH 情况下,接通 STF,电动机以 15 Hz 运行。
7) 在接通 RM 情况下,接通 STF,电动机以 25 Hz 运行。
8) 在接通 RL 情况下,接通 STF,电动机以 30 Hz 运行。
9) 在同时接通 RM、RL 情况下,接通 STF,电动机以 35 Hz 运行。
10) 在同时接通 RH、RL 情况下,接通 STR,电动机以 40 Hz 运行。
11) 在同时接通 RH、RM 情况下,接通 STR,电动机以 45 Hz 运行。
12) 在同时接通 RH、RM、RL 情况下,接通 STR,电动机以 50 Hz 运行。
13) 练习完毕后切断电源,拆除控制电路。

4. 训练评估

训练评估表见表 3-31 所示。

表 3-31 训练评估表

训 练 内 容	配分	扣 分 标 准	得分
7 段速度运行操作	20 分	运行不正确不得分	
15 段速度运行操作	20 分	运行不正确不得分	
模拟调试,运行结果	15 分	每项动作不正确扣 5 分	
拆线整理现场	5 分	不合格扣 5 分	
合计			

课后练习

1. 简述 7 段速度运行控制端子状态组合、预置参数与电动机运行速度的关系。

2. 简述 15 段速度运行时 "REX" 可用哪些端子代替。参数如何设置？
3. 画出 7 段速度运行的控制回路接线图，并简述操作步骤。
4. 画出 15 段速度运行的控制回路接线图，并简述操作步骤。
5. 简述多段速度运行与单一速度运行机械特性曲线的差别。
6. 运行曲线如图 3-52 所示，写出按此运行曲线的 15 段转速运行操作步骤。

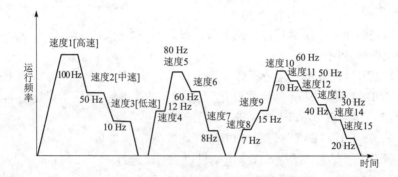

图 3-52 运行曲线

项目 3.7　变频器的程序运行操作

项目目标

1. 掌握程序的运行曲线参数设定的含义及方法。
2. 掌握程序运行的操作步骤。
3. 掌握程序运行中单组运行和重复运行的方法。

相关知识

程序运行是变频器对于需要多挡转速操作的生产机械、家用电器等常用的运行方法，它是预先将需要运行的曲线及相关参数按时间的顺序预置到变频器内部，接通启动信号后自动运行该曲线的一种方法。通常需要经过下面几个步骤。

1. 参数预置

1) 为了使变频器按照设定的程序运行，首先选择程序运行方式，预置 Pr. 79 = 5。

2) 用 Pr. 200 预置运行曲线的横坐标轴的时间单位。Pr. 200 预置值的范围为 0~4，对应时间单位为"几分几秒"和"几小时几分"，见表 3-32。

表 3-32　Pr.200 预置值含义

Pr.200 预置值	说　明
0	横轴时间单位为"几分几秒"，显示画面为"电压监示"
1	横轴时间单位为"几小时几分"，显示画面为"电压监示"
2	横轴时间单位为"几分几秒"，显示画面为"参考时间-日期"
3	横轴时间单位为"几小时几分"，显示画面为"参考时间-日期"

3）运行曲线的每一段的转速旋转方向、运行频率、起始时间定义为一个点，每10个点为一组，共分3个组，用 Pr.201~Pr.230 预置，见表 3-33。注意：每个参数号预置一个点中的3个值，3个值的意义如下。

第一个值：表示旋转方向，"1"表示正转；"2"表示反转；"0"表示停止。
第二个值：表示运行频率。
第三个值：表示运行频率的开始时间。

表 3-33　运行曲线分组

参　数　号	组　别	对 应 的 点
Pr.201~Pr.210	第一组	1~10
Pr.211~Pr.220	第二组	11~20
Pr.221~Pr.230	第三组	21~30

2. 运行操作

程序运行时，既可选择单个组运行，也可选择两个或者更多的组按组1、组2、组3的顺序运行。既可选择单个组重复运行，也可选择多个组的重复运行。程序运行时采用的变频器控制端子见表 3-34。程序运行时的接线如图 3-53 所示。

表 3-34　程序运行时采用的变频器控制端子

信 号 名 称	控 制 端 子	说　明
第一组信号	RH	用于选择运行组
第一组信号	RM	
第一组信号	RL	
定时器复位信号	STR	将参考时间置0
程序运行启动信号	STF	开始运行预定程序

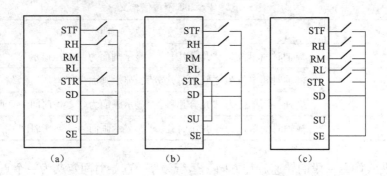

图 3-53 程序运行时的接线

(a) 单个组程序运行; (b) 单个组重复运行; (c) 多个组单次运行

技能训练

1. 单组(第一组,RH 组)程序运行操作

(1) 生产机械运行曲线(如图 3-54 所示)。

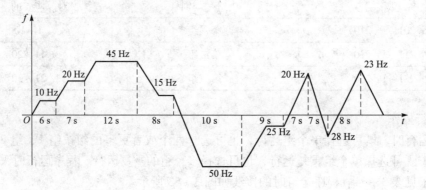

图 3-54 生产机械运行曲线

(2) 基本参数设定(在 Pr.79 = 1 下设定,见表 3-35)。

表 3-35 基本参数设定

参数号	Pr.1	Pr.2	Pr.3	Pr.7	Pr.8	Pr.13	Pr.20
设定值	50	0	50	3	4	5	50

(3) 生产机械运行曲线参数设定(见表 3-36)。

表 3-36　生产机械运行曲线参数设定

Pr. 201 = 1, 10, 0.00	Pr. 202 = 1, 20, 0.06
Pr. 203 = 1, 45, 0.13	Pr. 204 = 1, 15, 0.25
Pr. 205 = 2, 50, 0.33	Pr. 206 = 2, 25, 0.43
Pr. 207 = 1, 20, 0.52	Pr. 208 = 2, 28, 0.59
Pr. 209 = 1, 23, 1.06	Pr. 201 = 0, 0, 1.14

(4) 操作步骤。

1) 单组运行操作。

① 按图 3-33 所示接好主回路，按图 3-53 (a) 所示接好控制回路。

② 检查无误后合闸通电。

③ 设置 Pr. 79 = 5。

④ 设置 Pr. 200 = 2（即横轴时间单位为"几分几秒"）。

⑤ 读 Pr. 201 中输入"1"（即旋转方向为正转），然后按【SET】键 1.5 s。

⑥ 输入"10"（运行频率为 10 Hz），按【SET】键 1.5 s。

⑦ 输入"0:00"（开始运行时间为 0 分 0 秒），按【SET】键 1.5 s。

⑧ 按【▲】键移动到下一个参数（Pr. 202）。

⑨ 依照步骤⑤~步骤⑦，按表 3-36 所示设置其余参数（Pr. 202 ~ Pr. 209）。

⑩ 确认"EXT"灯亮。

⑪ 按下 RH，选择 RH 组单组运行。

⑫ 接通启动信号 STF，使变频器内部定时器自动复位，电动机按照设定的运行曲线开始运行，运行一个周期后停止。

⑬ 断开 STF，运行停止，同时内部定时器复位。

2) 单组重复运行操作。

① 断开变频器电源，主回路接线不变，控制回路按图 3-53 (b) 所示接好控制回路。

② 重复 1) 操作步骤②~⑫，当组运行完毕后，将从输出端子 SU 输出一个信号，定时器复位清零，之后进行重复运转。

③ 当断开 STF 时，运行停止。

(5) 注意事项。

1) 如果在执行预定程序过程中，变频器电源断开后又接通（包括瞬间断电），内部定时器将复位，并且若电源恢复，变频器也不会重新启动。若要继续开始运行，则关断预定程序启动信号（STF），然后再接通。

2) 程序运行过程中，变频器不能进行其他模式的操作，当程序运行开始启动信号

（STF）和复位信号（STR）接通时，运行模式不能进行 PU 运行和外部运行之间的变换。

2. 多组程序运行操作

选择 RH 和 RM 组，将图 3-54 所示的生产机械运行曲线分两组运行。

1）基本运行参数设定与单组运行相同。

2）运行参数设定见表 3-37。注意：RM 组设置时也是从零开始。

表 3-37 分组运行生产机械运行曲线参数设定

组 号	参 数	
RH 组	Pr. 201 = 1，10，0.00	Pr. 202 = 1，20，0.06
	Pr. 203 = 1，45，0.13	Pr. 204 = 1，15，0.25
	Pr. 205 = 2，50，0.33	
RM 组	Pr. 211 = 2，50，0.00	Pr. 212 = 1，25，0.10
	Pr. 213 = 1，20，0.19	Pr. 214 = 2，28，0.26
	Pr. 215 = 1，33，0.33	Pr. 216 = 0，0，0.41

3）操作步骤。

① 同时接通图 3-53（c）所示的 RH、RM 开关。

② 接通 STF，变频器先运行 RH 组，运行完成后再运行 RM 组，到 RM 组完成后，从 SU 端子输出时间到达信号。

③ 将 SU 与 STR 连接、SE 与 SD 连接，此时，变频器可以重复运行 RH 和 RM 组（两组重复运行）。

3. 应用实例

龙门刨床是机械制造业中必不可少的机械加工设备，主要由床身、横梁、刀架、立柱等部分组成，工作时被加工的零件固定在工作台上做往复运动，刀架装在横梁上，由垂直进给电动机拖动可以上下运动（即垂直方向进刀），横向进给由横向进给电动机拖动左右运动（即横向进给），下面用程序控制方式来完成龙门刨床加工过程的控制运行。

（1）龙门刨床工作台的运行曲线。

如图 3-55 所示，曲线的形成说明如下。

1）刚开始，工作台前进启动，刀具慢速切入，运行在 15 Hz 上。

2）8 s 后，开始加速到稳定切削阶段，运行在 45 Hz 上。

3）15 s 后，开始减速退刀，在 10 Hz 上运行 8 s。

4）随后，工作台反向加速返回，运行在 50 Hz 上。

5）13 s 后，后退减速到 15 Hz 上，随后，工作台返回停止，完成一个运行周期。

（2）变频器的参数设定。

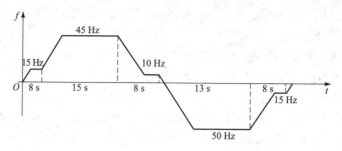

图3-55 龙门刨床的运行曲线

1) 基本参数（Pr. 79 = 1 下设定），基本参数设定见表3-38。

表3-38 基本参数设定

参数名称	参数号	设 定 值	参数名称	参数号	设 定 值
转矩提升	Pr. 0	6%	加速时间	Pr. 7	3 s
上限频率	Pr. 1	50 Hz	减速时间	Pr. 8	3 s
下限频率	Pr. 2	3 Hz	启动频率	Pr. 13	5 Hz
基底频率	Pr. 3	50 Hz	电路过流保护	Pr. 9	0（不起作用，外接热继电器保护）

2) 运行参数（Pr. 79 = 5 下设定），运行参数设定见表3-39。

表3-39 运行参数设定

参数名称	参数号	设定值	参数名称	参数号	设定值
程序运行横轴单位选择	Pr. 200	2	程序设定	Pr. 204	2, 50, 0.31
程序设定	Pr. 201	1, 15, 0.00	程序设定	Pr. 205	2, 5, 0.44
程序设定	Pr. 202	1, 45, 0.08	程序设定	Pr. 206	0, 0, 0.52
程序设定	Pr. 203	1, 10, 0.23			

(3) 操作步骤。

1) 按图3-33所示接好主回路，控制回路按图3-53（a）所示接线。

2) 检查无误后合闸通电。

3) 设置 Pr. 79 = 1。

4）在"参数设定"画面下，按表 3-38 所示设置基本参数。

5）设置 Pr.79 = 5。

6）设置 Pr.200 = 2（即横轴时间单位为"几分几秒"）。

7）在"参数设定"画面下，按表 3-39 设置运行参数。

8）接通 RH，选择 RH 组运行。

9）接通开始信号 STF，使内部定时器自动复位，龙门刨床工作台按照图 3-55 所示的运行曲线开始运行，运行一个周期停止。

10）断开 STF，运行停止。

（4）训练评估。

训练评估表见表 3-40 所示。

表 3-40 训练评估表

训练内容		配分	扣分标准	得分
操作模式		5 分	错误不得分	
参数设定	基本参数	10 分	错误一个扣 1 分	
	运行参数	20 分	错误一个扣 4 分	
模拟调试，运行结果		20 分	每项动作不正确扣 5 分	
拆线整理现场		5 分	不合格扣 5 分	
合计				

课后练习

1. 写出如图 3-56 所示的生产机械运行曲线单组重复运行的步骤。

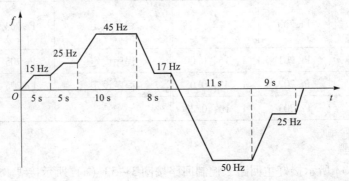

图 3-56 生产机械运行曲线

2. 简述变频器程序运行操作的概念。
3. 画出变频器程序运行模式的接线图，并说明其参数设置方法及操作步骤。

项目 3.8　变频器的 PID 控制运行操作

项目目标

1. 掌握变频器运行 PID 控制运行的参数设定方法。
2. 掌握变频器运行 PID 控制运行的接线方法。
3. 理解 PID 控制的原理。

相关知识

PID 控制，是使控制系统的被控量在各种情况下，都能够迅速而准确地无限接近控制目标的一种手段。具体地说，是随时将传感器测量的实际信号（称为反馈信号）与被控量的目标信号相比较，以判断是否已经到达预定的控制目标。如尚未达到，则根据两者的差值进行调整，直到达到预定的控制目标为止。

1. PID 各环节的作用

图 3-57 所示为基本 PID 控制框图，r 为目标信号，y 为反馈信号，变频器输出频率 f 的大小由合成信号 x 决定。一方面，反馈信号 y 应无限接近目标信号 r，即 x 趋近于 0；另一方面，变频器的输出频率 f 又是由 x 的结果来决定的。

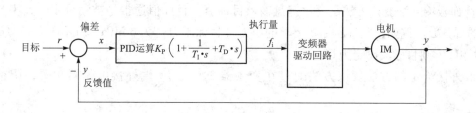

图 3-57　PID 控制框图

K_P—比例增益；T_I—积分时间常数；T_D—微分时间常数

图中，K_P 为比例增益，对执行量的瞬间变化有很大影响；T_I 为积分时间常数，该时间越小，达到目标值就越快，但也容易引起振荡，积分作用一般使输出响应滞后；T_D 为微分时间常数，该时间越大，反馈的微小变化就越会引起较大的响应，微分作用一般使输出响应超前。

2. PID 参数的预置

三菱 FR – A540 变频器内置有 PID,因此在使用时只要根据控制要求设定响应的参数就可以方便地进行闭环的控制,设置的方法如下。

(1) 变频器控制端子选择。

① PID 控制端子选择设置。PID 控制端子选择设置是指通过变频器的哪个端子来控制 PID 的接入。

设定 Pr. 183 = 14,选择变频器的 RT 端子为 PID 控制端子,当该端子所接开关闭合时选择 PID 闭环控制,断开时为不选择 PID 的开环控制。

② 反馈量输入端子选择。反馈量输入端子选择是指当应用 PID 功能时,反馈量从哪个端子输入。

设定 Pr. 128 = 20,反馈量从变频器端子 4 输入,反馈量为 DC 电流,范围为 4 ~ 20 mA。

(2) PID 的参数设置。

PID 的参数设置主要包括比例增益、积分时间常数及微分时间常数的设定。

用 Pr. 129 设定比例增益的值。

用 Pr. 133 设定积分时间常数的值。

用 Pr. 134 设定微分时间常数的值。

(3) 目标值的设定。

PID 调节的根本依据是反馈量与目标值进行比较的结果。因此,准确地预置目标值是十分重要的。有以下两种方法。

① 面板输入法。该方法是通过键盘输入目标值。目标值通常是被测量实际大小与反馈量程的百分数。例如,空气压缩机要求的压力(目标压力)为 6 MPa,所用压力表的量程是 0 ~ 10 MPa,则目标值设定为 60%。

② 外接给定的方法。该方法通过在变频器 2、5、10 端外接电位器预置,调整比较方便。

3. 运行接线图

以生产机械是恒压供水水泵为例,其变频器实行 PID 控制的接线如图 3 – 58 所示。

4. 操作步骤

操作步骤流程如图 3 – 59 所示。

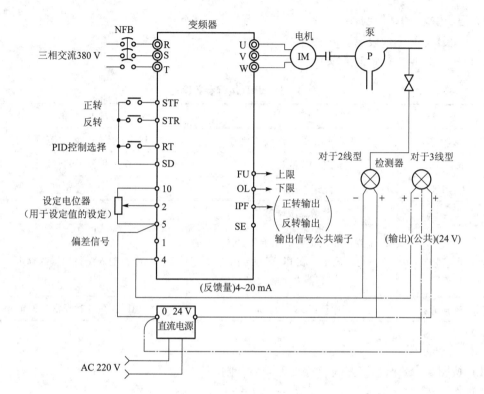

图 3-58 水泵 PID 控制的接线

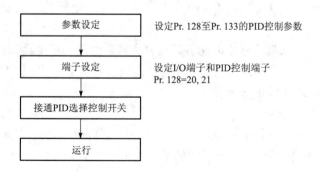

图 3-59 PID 控制操作步骤流程

技能训练

1. 恒压供水 PID 控制

(1) PID 运行参数设定。

PID 运行参数设定见表 3-41。

表 3-41 PID 运行参数设定

参 数 号	作 用	功 能
Pr. 129 = 30	确定 PID 的比例调节范围	PID 的比例、增益范围设定
Pr. 130 = 10 s	确定 PID 的积分时间	PID 的积分时间常数设定
Pr. 131 = 100%	设定上限调节值	上限值设定参数
Pr. 132 = 0%	设定下限调节值	下限值设定参数
Pr. 133 = 50%	外部操作时设定值由端子 2~5 端子间的电压确定,在 PU 或组合操作时控制值大小的设定	面板输入法目标值的确定
Pr. 134 = 3 s	确定 PID 的微分时间	PID 的微分时间常数设定

(2) 操作步骤。

1) 按图 3-58 所示接好线,检查无误后合闸。

2) 在"PU 操作模式"下,设置 Pr. 128 = 20, Pr. 183 = 14。

3) 在"PU 操作模式"下,按表 3-40 所列设置 PID 运行参数。

4) 调节 2~5 端子间的电压至 2.5 V,设 Pr. 79 = 2,"EXT"灯亮。

5) 接通 STF 和 RT,电动机正转。改变 2~5 端子间的电压值,电动机始终稳定运行在设定值上。

6) 调节 4~20 mA 电流信号,电动机转速也会随之变化,稳定运行在设定值上。

7) 设 Pr. 79 = 1,"PU"灯亮,按【FWD】键或【REV】键和【STOP】键,控制电动机启停,稳定运行在 Pr. 133 的设定值上。

2. 房间恒温的 PID 控制

在 PID 控制下,使用一个 4 mA 对应 0 ℃、20 mA 对应 50 ℃的传感器调节房间温度保持在 25 ℃,设定值通过变频器 2~5 端子间的电压(0~5 V)给定。

(1) 接线。

将图 3-58 所示的电机和水泵换成空调的主机。

(2) 操作步骤。

其流程如图 3-60 所示。

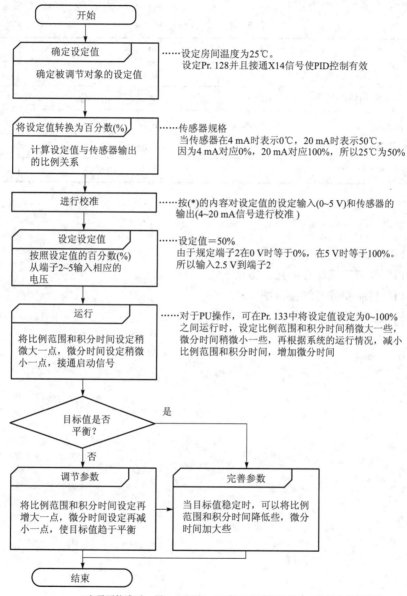

图 3-60 房间恒温 PID 控制流程

3. 训练评估评定

训练评估表如表 3-42 所示。

表 3-42 训练评估表

训 练 内 容		配分	扣 分 标 准	得分
参数设定	基本参数	10 分	错误一个扣 2 分	
	功能参数	10 分	错误一个扣 2 分	
PID 运行参数		10 分	错误一个扣 2 分	
模拟调试,运行结果		25 分	每项动作不正确扣 5 分	
拆线整理现场		5 分	不合格扣 5 分	

课后练习

1. 简述 PID 闭环控制的原理。
2. 简述 PID 控制反馈信号的接入方法。
3. 画出 PID 控制变频器的接线图。
4. 简述 PID 控制的操作步骤。

模块 4
继电器与变频器的组合控制

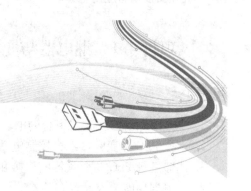

上一个模块讨论了变频器的各种运行操作方法,但都是应用按钮开关手动来实现对生产机械的变频调速控制,在转速变换时需要停机操作才能实现。如何来实现变频调速的自动控制呢?只要将变频器和继电器配合使用就能达到。继电器分为 3 种:第一种是应用线圈通电控制触点吸合的传统继电器;第二种是数字继电器,又称可编程控制器(PLC),它可通过软件来改变控制过程;第三种是计算机(PC),应用串行接口与变频器进行通信。继电器与变频器之间的连接如图 4-1 所示。那么继电器与变频器配套使用后可实现哪些方面的自动控制呢?如何编程?本模块将以传统继电器和 FX2N-32MT-001 可编程控制器(PLC)为例分 4 个项目来给大家介绍其操作方法。本模块的项目架构如表 4-1 所示。

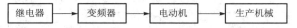

图 4-1 继电器与变频器连接方框图

表 4-1 模块 4 的项目架构

项目编号	名 称	目 标
1	继电器与变频器组合的电动机正、反转控制	掌握利用传统继电器和 PLC 与变频器组合控制电动机正、反转的电路连接、编程、操作方法
2	继电器与变频器组合的变频与工频切换	掌握利用传统继电器和 PLC 控制变频器进行工频和变频切换的电路连接、编程、操作方法
3	继电器与变频器组合的多段转速控制	掌握利用传统继电器和 PLC 控制变频器进行多段转速控制的电路连接、编程、操作方法
4	计算机(PC)对变频器的控制	掌握利用计算机(PC)对变频器的操作方法

项目 4.1 继电器与变频器组合的电动机正、反转控制

项目目标

1. 掌握继电器与变频器组合的电动机正、反转控制方法。
2. 掌握 PLC 和变频器组合控制电动机正、反转的控制方法。
3. 能够进行 PLC 与变频器的连接和控制程序的编制。
4. 会根据功能要求设置有关参数。

相关知识

1. 旋钮开关与变频器组合的正、反转控制电路

由模块 3 的项目 3.3 可知,变频器对电动机的正、反转控制是通过控制变频器 STR、STF 两个端子的接通与断开来实现的,STR、STF 两个端子的接通与断开利用开关进行控制,其缺点是反转控制前,必须先断开正转控制,正转和反转之间没有互锁环节,容易产生误动作。

2. 继电器与变频器组合的正、反转控制电路

为了克服上述存在的问题,通常将开关改为应用继电器和接触器来控制变频器 STR、STF 两个端子的接通与断开,控制电路如图 4-2 所示。其工作过程如下。

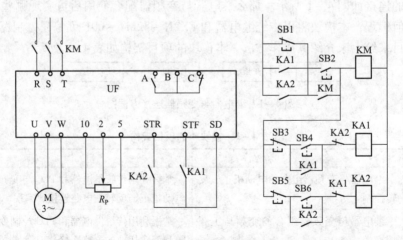

图 4-2 继电器控制变频器的正、反转电路

按钮 SB2、SB1 用于控制接触器 KM,从而控制变频器的接通或切断电源。
按钮 SB4、SB3 用于控制正转继电器 KA1,从而控制电动机的正转运行与停止。

按钮 SB6、SB5 用于控制反转继电器 KA2，从而控制电动机的反转运行与停止。

需要注意的是：正转与反转运行只有在接触器 KM 已经动作、变频器已经通电的状态下才能进行。与按钮 SB1 常闭触点关联的 KA1、KA2 触点用以防止电动机在运行状态下通过 KM 直接停机。

3. PLC 与变频器组合的电动机正、反转控制电路

PLC 与变频器组合对电动机正、反转控制，只需利用 PLC 的输出端子来控制变频器的 STR、STF 两个端子，控制电路如图 4-3 所示。按钮 SB1 和 SB2 用于控制变频器接通与切断电源，3 位旋钮开关 SA2 用于决定电动机的正、反转运行或停止，X4 接受变频器的跳闸信号。在输出侧，Y0 与接触器相连接，其动作接受 X0（SB1）和 X1（SB2）的控制，Y1、Y2、Y3、Y4 与指示灯 HL1、HL2、HL3、HL4 相接，分别指示变频器通电、正转运行、反转运行及变频器故障，Y10 与变频器的正转端 STF 相接，Y11 与变频器的反转端 STR 相接。

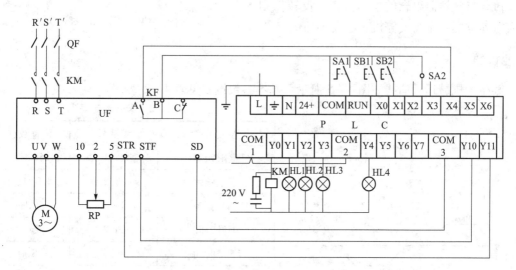

图 4-3 PLC 与变频器组合的正、反转控制电路

输入信号与输出信号之间的逻辑关系如程序梯形图 4-4 所示。其工作过程如下：

按下 SB1，输入继电器 X0 得到信号并动作，输出继电器 Y0 动作并保持，接触器 KM 动作，变频器接通电源。Y0 动作后，Y1 动作，指示灯 HL1 发亮。

将 SA2 旋至"正转"位，X2 得到信号并动作，输出继电器 Y10 动作，变频器的 STF 接通，电动机正转启动并运行。同时，Y2 也动作，正转指示灯 HL2 发亮。

如 SA2 旋至"反转"位，X3 得到信号并动作，输出继电器 Y11 动作，变频器的 STR 接通，电动机反转启动并运行。同时，Y3 也动作，反转指示灯 HL3 发亮。

当电动机正转或反转时，X2 或 X3 的常闭触点断开，使 SB2（从而 X1）不起作用，于是防止了变频器在电动机运行的情况下切断电源。

将 SA2 旋至中间位，则电动机停机，X2、X3 的常闭触点均闭合。如再按 SB2，则 X1 得到信号，使 Y0 复位，KM 断电并复位，变频器脱离电源。

电动机在运行时，如变频器因发生故障而跳闸，则 X4 得到信号，使 Y0 复位，变频器切断电源，同时 Y4 动作，指示灯 HL4 发亮。

与继电器控制变频器的正、反转电路相比较，PLC 与变频器组合的电动机正、反转控制具有操作方便、不需要停机、电流小的优点。

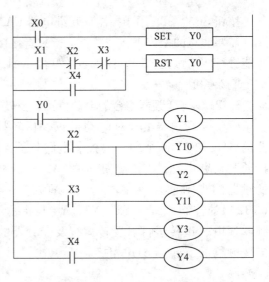

图 4-4　程序梯形图

技能训练

某生产机械运行曲线如图 4-5 所示。基本参数设置见表 4-2。

表 4-2　参数给定表

参数名称	参数号	设置数据
上限频率	Pr. 1	50 Hz
下限频率	Pr. 2	0 Hz
基底频率	Pr. 3	50 Hz
上升时间	Pr. 7	5 s
下降时间	Pr. 8	3 s
加、减速参考频率	Pr. 20	50 Hz
运行模式	Pr. 79	1

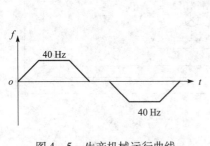

图 4-5　生产机械运行曲线

1. 应用继电器与变频器组合的电动机正反转控制操作

（1）操作步骤。

1）按【MODE】键至"参数设定"画面，按表 4-2 所示设置基本参数。

2）按图 4-2 所示正确接线，并在变频器的 FM 端与 SD 端之间接一个频率计。

3）按下 SB2 按钮，变频器电源接通。按下 SB2 按钮变频器电源切断。

4）按下 SB4 按钮，电动机正转运行启动。

5）旋转电位器 R_P，将运行频率调节至 40 Hz。用转速表测试电动机的正向转速大小。

6）按下 SB3 按钮，电动机运转停止。

7）按下 SB6 按钮，电动机反转运行启动。

8）旋转电位器 R_P，将运行频率调节至 40 Hz。用转速表测试电动机的反向转速大小。

9）按下 SB5 按钮，电动机运转停止。

10）按 SB1 按钮，变频器脱离电源。

11）切断总电源，并且清理现场。

(2) 注意事项。

1）绝对不能将 R、S、T 与 U、V、W 端子接反，否则会烧坏变频器。

2）电动机为 Y 形接法。

2. 应用 PLC 与变频器组合的电动机正、反转控制操作

(1) 操作步骤。

1）按图 4-2 所示正确接线，并在变频器的 FM 端与 SD 端之间接一个频率计。

2）接通 PLC 的 220 V 电源，将 PLC 开关拨至"STOP"位置，在 PLC 中输入程序。梯形程序图如图 4-4 所示。

3）合上空气开关 QF。

4）将 PLC 程序运行开关拨向"RUN"，按下 SB1 按钮，变频器电源接通，指示灯 HL1 发亮。

5）按【MODE】键至"参数设定"画面，按表 4-2 所示设置基本参数。

6）将 SA2 旋至"正转"位，电动机正转启动并运行。正转指示灯 HL2 发亮。

7）旋转电位器 R_P，将运行频率调节至 40 Hz。用转速表测试电动机的正向转速大小。

8）如 SA2 旋至"反转"位，电动机反转启动并运行。反转指示灯 HL3 发亮。

9）旋转电位器 R_P，将运行频率调节至 40 Hz。用转速表测试电动机的反向转速大小。

10）将 SA2 旋至中间位，电动机停机。

11）按 SB2 按钮，变频器断电，将 PLC 拨至"STOP"，断开空气开关 QF，拆线并清理现场。

(2) 注意事项。

1）绝对不能将 R、S、T 与 U、V、W 端子接反，否则会烧坏变频器。

2）PLC 的输出端子只相当于一个触点，不能接电源，否则会烧坏 PLC。

3）电动机为 Y 形接法。

4）运行中若出现报警现象，复位后重新操作。

3. 训练评估

训练评估表见表 4-3。

表 4-3 训练评估表

训练内容	配分	扣分标准	得分
应用继电器与变频器组合的电动机正、反转控制操作	20 分	运行不正确不得分	
应用 PLC 与变频器组合的电动机正、反转控制操作	30 分	运行不正确不得分	
拆线整理现场	10 分	不合格不得分	
合计			

课后练习

1. 有一台升降机,机械特性运行曲线如图 4-6 所示。试用 PLC 和变频器组合控制,画出接线图,写出参数设置步骤,编写程序梯形图,并进行上机调试。

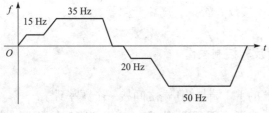

图 4-6 机械特性运行曲线

2. 简述开关和变频器组合控制、继电器变频器组合控制、PLC 和变频器组合控制三者的优、缺点。

3. 画出开关和变频器组合控制、继电器变频器组合控制、PLC 和变频器组合控制 3 种方式的控制电路。

项目 4.2 继电器与变频器组合的变频与工频的切换控制

项目目标

1. 掌握继电器与变频器组合的变频与工频的切换控制方法。
2. 掌握 PLC 和变频器组合的变频与工频的切换控制方法。
3. 会进行 PLC 与变频器组合的连接和切换控制程序的编制。

相关知识

一台电动机变频运行,当频率上升到 50 Hz(工频)并保持长时间运行时,应将电动机切换到工频电网供电,让变频器休息或另作他用;另一种情况是当变频器发生故障时,则需将其自动切换到工频运行,同时进行声光报警。一台电动机运行在工频电网,现工作环境要求它进行无级变速,此时必须将该电动机由工频切换到变频状态运行。那么如何来实现变频与工频之间的切换?

1. 继电器与变频器组合的变频与工频的切换控制电路

由继电器与变频器组合的变频与工频的切换控制电路如图 4-7 所示。运行方式由 3 位开关 SA 进行选择。其工作过程如下:

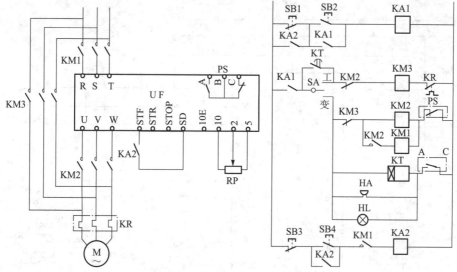

图4-7 继电器与变频器组合的变频与工频的切换控制电路

当SA合至"工频运行"方式时，按下启动按钮SB2，中间继电器KA1动作并自锁，进而使接触器KM3动作，电动机进入"工频运行"状态。按下停止按钮SB1，中间继电器KA1和接触器KM3均断电，电动机停止运行。

当SA合至"变频运行"方式时，按下启动按钮SB2，中间继电器KA1动作并自锁，进而使接触器KM2动作，将电动机接至变频器的输出端。KM2动作后，KM1也动作，将工频电源接到变频器的输入端，并允许电动机启动。

按下SB4按钮，中间继电器KA2动作，电动机开始加速，进入"变频运行"状态。KA2动作后，停止按钮SB1将失去作用，以防止直接通过切断变频器电源使电动机停机。

在变频运行过程中，如果变频器因故障而跳闸，则"B-C"断开，接触器KM2和KM1均断电，变频器和电源之间，以及电动机和变频器之间都被切断。

与此同时，"C-A"闭合，一方面，由蜂鸣器HA和指示灯HL进行声光报警。同时，时间继电器KT得电，其触点延时后闭合，使KM3动作，电动机进入工频运行状态。

操作人员发现后，应将选择开关SA旋至"工频运行"位置。这时，声光报警停止，并使时间继电器断电。

2. 继电器与内置变频与工频切换功能的变频器组合的变频与工频的切换控制电路

三菱变频器FR-A540系列变频器内部设置了变频运行和工频运行切换的功能，这大大简化了外部控制电路，提高了切换的可靠性。现以变频器发生故障后自动切换为工频运行为例，说明其使用方法。

（1）电路图。

应用变频器内设变频运行和工频运行切换功能的控制电路如图4-8所示。

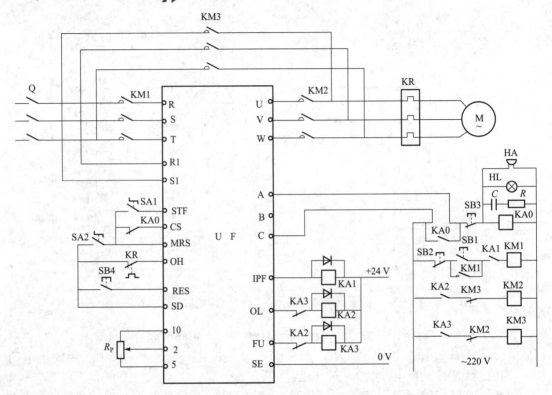

图 4-8 变频器内设变频运行和工频运行切换功能的控制电路

1)因为在变频器通电前,须事先对变频器的有关功能进行预置,故控制电源"R1-S1"应接至接触器 KM1 的前面。

2)输出端 IPF、OL 和 FU 都是晶体管输出,只能用于 36 V 以下的直流电路内,而我国并未生产线圈电压为直流低压的接触器。解决这个问题的方法有二:一是另购专用选件;二是用继电器 KA1,KA2 和 KA3 来过渡,这里采用后者。

3)控制状态。KA1 控制 KM1;KA2 控制 KM2;KA3 控制 KM3。

变频器运行时:KM1 接通;KM2 断开;KM3 接通。

工频运行时:KM1 接通;KM2 接通;KM3 断开。

(2)功能预置。

使用前,必须对以下功能进行预置(请参照附录 A)。

1)预置操作模式。由于变频器的切换功能只能在外部运行下有效,因此必须首先对运行模式进行预置。

Pr. 79 预置为"2",使变频器进入"外部运行模式"。

2)对切换功能进行预置。

Pr. 135 预置为"1",使变频与工频切换功能有效。

Pr. 136 预置为"0.3",使切换 KA2、KA3 互锁时间预置为 0.3 s(说明书上为 0.1 s,由于增加了继电器作为中间环节,故适当延长)。

Pr. 137 预置为"0.5",启动等待时间为 0.5 s。

Pr. 138 预置为"1",使报警时切换功能有效。即一旦报警,KA3 断开,KA2 闭合。

Pr. 139 预置为"9999",使到达某一频率的自动切换功能失效。

3)调整部分输入端的功能(多功能端子)。

Pr. 185 预置为"7",使 JOG 端子变为 OH 端子,用于接受外部热继电器的控制信号。

Pr. 186 预置为"6",使 CS 端子用于自动再启动控制。

4)调整部分输出端的功能(多功能端子)。

Pr. 192 预置为"17",使 IPF 端子用于控制 KA1。

Pr. 193 预置为"18",使 OL 端子用于控制 KA2。

Pr. 194 预置为"19",使 FU 端子用于控制 KA3。

(3)各输入信号对输出的影响。

当选择了切换功能有效,即 Pr. 135 = "1"后,各输入信号对输出的影响如表 4-4 所示。

表 4-4 输入信号功能

信号	使用端子	功　能	开关状态
MRS	MRS	操作是否有效	ON:变频运行和工频运行切换可以进行 OFF:操作无效
CS	用多功能端子定义	变频运行→工频电源运行的切换	ON:变频运行 OFF:工频电源运行
STF 或 STR	STF(STR)	变频运行指令(对工频运行无效)	ON:电动机正、反转 OFF:电动机停止
OH	定义任一端子为 OH	外部热继电器	ON:电动机正常 OFF:电动机过载
RES	RES	运行状态初始化	ON:初始化 OFF:正常运行

备注:

● MRS = "ON"时,CS 才能动作。MRS = "ON"与 CS = "ON"时,STF 才能动作,变频运行才能进行。

● 如果 MRS 没有接通,既不能进行工频运行,也不能进行变频器运行。

(4)变频器的正常工作过程。

1)首先使开关 SA2 闭合,接通 MRS,允许进行切换;由于 Pr. 135 功能已经预置为"1",切换功能有效。这时,继电器 KA1、KA2 吸合,KM2 得电,同时为 KM1 通电作准备。

2)按下 SB1,KM1、KM2 吸合,变频器接通电源和电动机。

3)将旋钮开关 SA1 闭合,变频器即开始启动,进入运行状态。其转速由电位器 R_P 的位置决定。

(5)变频器发生故障后自动转换为工频的工作过程。

1)当变频器发生故障时,"报警输出"端 A 和 C 之间接通,继电器 KA0 吸合(为了保护变频器内部的触点,KA0 线圈两端并联了一个 R、C 吸收电路),一方面,其动断(常闭)触点使输入端子 CS 断开,允许进行变频与工频之间的切换;同时,由蜂鸣器和指示灯进行声光报警。

2)继电器 KA1、KA2 断开,KA3 闭合,系统将按 Pr. 136 和 Pr. 137 所预置的时间自动地进行由变频运行转为工频运行的切换,接触器 KM1、KM2、KM3 相应地执行切换动作。

3)工作人员在闻声赶到后,应立即按下复位按钮 SB3,以停止声光报警,同时,开始对变频器进行检查。

3. PLC 与变频器组合的变频与工频的切换控制电路

(1)电路图。

应用 PLC 与变频器组合的变频与工频的切换控制电路如图 4-9 所示。

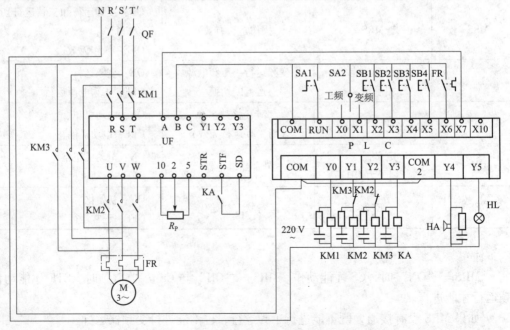

图 4-9 PLC 与变频器组合的变频与工频的切换控制电路

(2) 梯形图。

输入信号与输出信号之间的逻辑关系如程序梯形图 4-10 所示。现对梯形图说明如下:

1) 工频运行段。

① 将选择开关 SA2 旋至 "工频运行"位，使输入继电器 X0 动作，为工频运行做好准备。

② 按启动按钮 SB1，输入继电器 X2 动作，使输出继电器 Y2 动作并保持，从而接触器 KM3 动作，电动机在工频电压下启动并运行。

③ 按停止按钮 SB2，输入继电器 X3 动作，使输出继电器 Y2 复位，而接触器 KM3 失电，电动机停止运行。

注意：如果电动机过载，热继电器触点 FR 闭合，输入继电器 Y2、接触器 KM3 相继复位，电动机停止运行。

2) 变频通电段。

① 先将选择开关 SA2 旋至 "变频运行"位，使输入继电器 X1 动作，为变频运行做好准备。

② 按下 SB1 按钮，输入继电器 X2 动作，使输出继电器 Y1 动作并保持。一方面使接触器 KM2 动作，电动机接至变频器输出端；另一方面，又

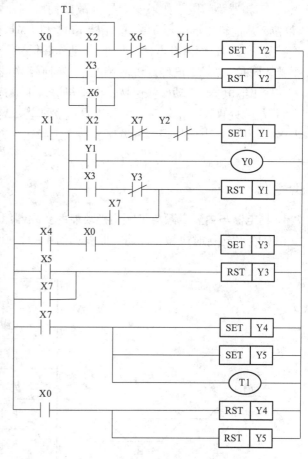

图 4-10 程序梯形图

使输出继电器 Y0 动作，从而接触器 KM1 动作，使变频器接通电源。

③ 按下 SB2 按钮，输入继电器 X3 动作，在 Y3 未动作或已复位的前提下，使输出继电器 Y1 复位，接触器 KM2 复位，切断电动机与变频器之间的联系。同时，输出继电器 Y0 与接触器 KM1 也相继复位，切断变频器的电源。

3) 变频运行段。

① 按下 SB3 按钮，输入继电器 X4 动作，在 Y0 已经动作的前提下，输出继电器 Y3 动作并保持，继电器 KA 动作，变频器的 FWD 接通，电动机升速并运行。同时，Y3 的常闭触点使停止按钮 SB2 暂时不起作用，防止在电动机运行状态下直接切断变频器的电源。

② 按下 SB4 按钮，输入继电器 X5 动作，输出继电器 Y3 复位，继电器 KA 失电，变频器的 STF 断开，电动机开始降速并停止。

4) 变频器跳闸段。如果变频器因故障而跳闸，则输入继电器 X7 动作，一方面 Y1 和 Y3 复位，从而输出继电器 Y0、接触器 KM2 和 KM1、继电器 KA 也相继复位，变频器停止工作；另一方面，输出继电器 Y4 和 Y5 动作并保持，蜂鸣器 HA 和指示灯 HL 工作，进行声光报警。同时，在 Y1 已经复位的情况下，时间继电器 T1 开始计时，其常开触点延时后闭合，使输出继电器 Y2 动作并保持，电动机进入工频运行状态。

5) 故障处理段。报警后，操作人员应立即将 SA 旋至"工频运行"位。这时，输入继电器 X0 动作，一方面使控制系统正式转入工频运行方式；另一方面，使 Y4 和 Y5 复位，停止声光报警。

技能训练

1. 继电器与内置变频与工频切换功能的变频器组合的变频与工频切换控制操作

(1) 变频运行时机械特性运行曲线如图 4-11 所示，运行基本参数如表 4-5 所示。

表 4-5 变频运行基本参数

参数名称	参数号	设置数据
上限频率	Pr. 1	50 Hz
下限频率	Pr. 2	0 Hz
基底频率	Pr. 3	50 Hz
上升时间	Pr. 7	5 s
下降时间	Pr. 8	3 s
加、减速参考频率	Pr. 20	50 Hz

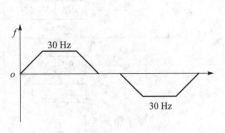

图 4-11 变频运行时机械特性运行曲线

(2) 操作步骤。

1) 按图 4-12 所示接好电路。

2) 合上空气开关 QF，按下 SA3、SA2 开关，变频器电源接通，控制电路工作在变频状态。

3) 按【MODE】键和【▲/▼】键，将外部操作模式转换为面板操作模式，初始化变频器，使变频器内的所有参数恢复到出厂设定值。

4) 在面板操作模式下，按表 4-6 所列设置参数。

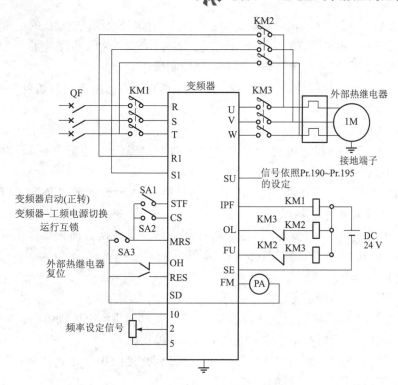

图 4-12 变频与工频切换控制电路

表 4-6 运行参数设置

参 数 号	设 置 值
Pr. 135	1
Pr. 136	2.0 s
Pr. 137	1.0 s
Pr. 138	1
Pr. 139	50 Hz
Pr. 185	7
Pr. 186	6
Pr. 192	17
Pr. 193	18
Pr. 194	19

5）设置 Pr. 79 = 2，将面板操作模式转换为外部操作模式。

6）按下 SA1 开关，电动机正转启动并运行。

7）旋转电位器 R_P，将运行频率调节至 30 Hz，用转速表测试电动机的正向转速大小。

8) 断开 SA2、SA1 开关,电动机切换到工频运行,用转速表测试电动机的正向转速大小。

9) 训练完毕后,断开 SA3、SA2、SA1 开关,切断空气开关 QF,拆除电路,并清理现场。

2. PLC 与变频器组合的变频与工频的切换控制操作

(1) 变频运行时机械特性运行曲线如图 2-11 所示,运行基本参数如表 4-6 所示。

(2) 操作步骤。

1) 按图 4-9 所示接好电路。

2) 合上空气开关,接通电源。将 PLC 开关拨至"STOP"位置,在 PLC 中输入程序。梯形程序图如图 4-10 所示。

3) 将 PLC 程序运行开关拨向"RUN",将选择开关 SA2 旋至"变频运行"位,按下 SB1 按钮,使变频器接通电源。

4) 按【MODE】键和【▲/▼】键,将外部操作模式转换为面板操作模式,初始化变频器,使变频器内的所有参数恢复到出厂设定值。

5) 设置 Pr. 79 = 2,"EXT"灯亮。

6) 按下 SB3,电动机正转启动并运行。

7) 旋转电位器 R_P,将运行频率调节至 30 Hz,用转速表测试电动机的正向转速大小。

8) 按下 SB4,变频器停止工作,电动机降速并停止。

9) 将选择开关 SA2 旋至"工频运行"位,按启动按钮 SB1,电动机将在工频电压下启动并运行。用转速表测试电动机的正向转速大小。

10) 按停止按钮 SB2,变频器断电,电动机停止运行。

11) 将 PLC 拨至"STOP",断开空气开关 QF,拆线并清理现场。

3. 训练评估

训练评估表如表 4-7 所示。

表 4-7 训练评估表

训 练 内 容	配分	扣分标准	得分
继电器与内置变频与工频切换功能的变频器组合的变频与工频切换控制操作	20 分	运行不正确不得分	
PLC 与变频器组合的变频与工频的切换控制操作	30 分	运行不正确不得分	
拆线整理现场	10 分	不合格不得分	
合计			

课后练习

1. 继电器与内置变频与工频切换功能的变频器组合的变频与工频切换控制中,需要设置哪些功能参数?

2. PLC 与变频器组合的变频与工频的切换控制与继电器与内置变频与工频切换功能的变频器组合的变频与工频切换控制两种控制方法相比较，各自的优、缺点是什么？

3. 简述 PLC 与变频器组合的变频与工频的切换控制的操作步骤。

项目 4.3　继电器与变频器组合的多挡转速的控制

项目目标

1. 掌握继电器与变频器组合的多挡转速控制方法。
2. 掌握 PLC 和变频器组合的多挡转速控制方法。
3. 会进行 PLC 与变频器组合的多挡转速控制程序的编制。

相关知识

在模块 3 的项目 3.6 中，曾经用手动选择变频器控制端子 RH、RM、RL、REX 的接通或关断，来实现多挡转速的运行。本项目用 PLC 的输出来控制上述端子的通断，实现多挡转速的自动切换运行。

1. 电路图

PLC 与变频器组合的多挡转速控制电路如图 4-13 所示。

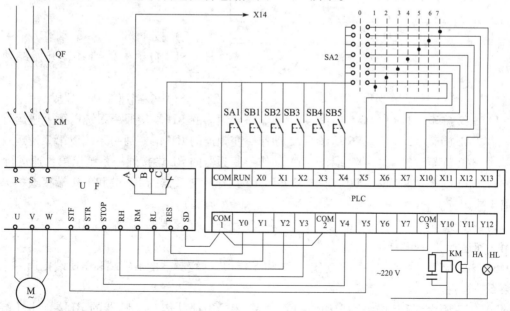

图 4-13　PLC 与变频器组合的多挡转速控制电路

2. 梯形图

图 4-14 所示为 PLC 实现多挡转速梯形图。

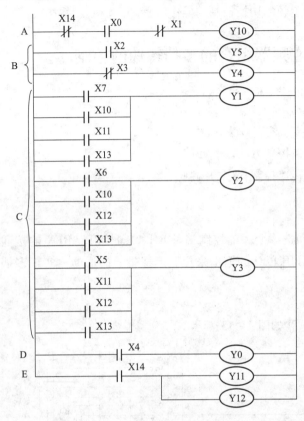

图 4-14　PLC 实现多挡转速梯形图

现对梯形图说明如下：

（1）变频器的通电控制（A 段）。

1）按下 SB1→X0 动作→Y10 动作→接触器 KM 得电并动作→变频器接通电源。

2）按下 SB2→X1 动作→其动断触点使 Y10 释放→接触器 KM 失电→变频器切断电源。

（2）变频器的运行控制（B 段）。

由于 X3 未动作，其动断触点处于闭合状态，故 Y4 动作，使 STOP 端与 SD 接通。由于变频器的 STOP 端接通，可以选择启动信号自保持，所以正转运行端（STF）具有自锁功能。

1）按下 SB3→X2 动作→Y5 动作→STF 工作并自锁→系统开始加速并运行。

2）按下 SB4→X3 动作→Y4 释放→STF 自锁失效→系统开始减速并停止。

（3）多挡速控制（C 段）。

1）SA2 旋至 "1" 位→X5 动作→Y3 动作→变频器的 RH 端接通→系统以第 1 速运行。

2）SA2 旋至 "2" 位→X6 动作→Y2 动作→变频器的 RM 端接通→系统以第 2 速运行。

3）SA2 旋至 "3" 位→X7 动作→Y1 动作→变频器的 RL 端接通→系统以第 3 速运行。

4）SA2 旋至 "4" 位→X10 动作→Y1 和 Y2 动作→变频器的 RL 端和 RM 端接通→系统以第 4 速运行。

5）SA2 旋至 "5" 位→X11 动作→Y1 和 Y3 动作→变频器的 RL 端和 RH 端接通→系统以第 5 速运行。

6）SA2 旋至 "6" 位→X12 动作→Y2 和 Y3 动作→变频器的 RM 端和 RH 端接通→系统以第 6 速运行。

7）SA2 旋至 "7" 位→X13 动作→Y1、Y2 和 Y3 都动作→变频器的 RL 端、RM 端和 RH 端都接通→系统以第 7 速运行。

(4) 变频器报警（E 段）。

当变频器报警时，变频器的报警输出 A 和 C 接通→X14 动作：一方面，Y10 释放（A 行）→接触器 KM 失电→变频器切断电源；另一方面，Y11 和 Y12 动作→蜂鸣器 HA 发声，指示灯 HL 亮，进行声光报警。

(5) 变频器复位（D 段）。

当变频器的故障已经排除，可以重新运行时，按下 SB5→X4 动作→Y0 动作→变频器的 RES 端接通→变频器复位。

技能训练

训练内容：用 PLC 实现如图 4-15 所示某生产机械特性运行曲线的控制，其基本运行参数如表 4-8 所示。

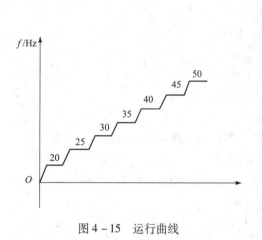

图 4-15 运行曲线

表 4-8 基本运行参数

参数名称	参数号	设定值
提升转矩	Pr. 0	5%
上限频率	Pr. 1	50 Hz
下限频率	Pr. 2	3 Hz
基底频率	Pr. 3	50 Hz
加速时间	Pr. 7	5 s
减速时间	Pr. 8	3 s
电子过流保护	Pr. 9	5 A（由电动机功率确定）
加、减速参考时间	Pr. 20	50 Hz

1. 操作步骤

1) 按 4-13 所示接好电路。

2) 接通 PLC 的 220 V 电源，将 PLC 开关拨至"STOP"位置，在 PLC 中输入程序。梯形程序图如图 2-14 所示。

3) 将 PLC 程序运行开关拨向"RUN"，合上空气开关 QF。按下 SB1，接通变频器电源。

4) 按【MODE】键和【▲/▼】键，将外部操作模式转换为面板操作模式，初始化变频器，使变频器内的所有参数恢复到出厂设定值。

5）设置 Pr.79 = 3，"EXT"灯和"PU"灯均亮。

6）设定 7 挡运行速度参数，有关参数典型值如下：

Pr. 4 = 20 Hz

Pr. 5 = 25 Hz

Pr. 6 = 30 Hz

Pr. 24 = 35 Hz

Pr. 25 = 40 Hz

Pr. 26 = 45 Hz

Pr. 27 = 50 Hz

7）将 SA2 旋至"1"位，按下 SB3，电动机正转运行在 20 Hz。

8）将 SA2 旋至"2"位，电动机正转运行在 25 Hz。

9）将 SA2 旋至"3"位，电动机正转运行在 30 Hz。

10）将 SA2 旋至"4"位，电动机正转运行在 35 Hz。

11）将 SA2 旋至"5"位，电动机正转运行在 40 Hz。

12）将 SA2 旋至"6"位，电动机正转运行在 45 Hz。

13）将 SA2 旋至"7"位，电动机正转运行在 50 Hz。

14）按下 SB4，变频器断电，电动机开始减速并停止。

15）将 PLC 拨至"STOP"，断开空气开关 QF，拆线并清理现场。

16）按下 SB3，电动机正转启动并运行。

17）旋转电位器 R_P，将运行频率调节至 30 Hz，用转速表测试电动机的正向转速大小。

18）按下 SB4，变频器停止工作，电动机降速并停止。

19）将选择开关 SA2 旋至"工频运行"位，按启动按钮 SB1，电动机将在工频电压下启动并运行。用转速表测试电动机的正向转速大小。

20）按停止按钮 SB2，变频器断电，电动机停止运行。

21）将 PLC 拨至"STOP"，断开空气开关 QF，拆线并清理现场。

2. 注意事项

1）运行中出现"E.LF"字样，表示变频器输出至电动机的连线有一相断线（即缺相保护），这时返回"PU 操作模式"，然后关掉电源重新开启即可消除，具体操作如图 4-16 所示。若不要此功能，设定 Pr.25 = 0.。

2）出现"E.TMH"字样，表示电子过流保护动作，同样在"PU 操作模式"下，进行清除操作。具体操作如图 4-17 所示。

3. 训练评估

训练评估表如表 4-9 所示。

清除所有报警记录

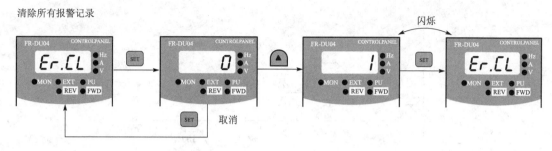

图 4-16 报警记录清除操作示意图

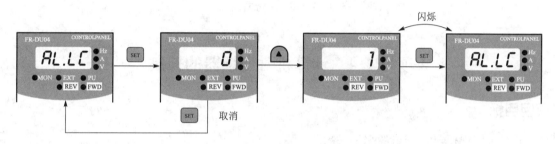

图 4-17 全部清除操作示意图

表 4-9 训练评估表

训 练 内 容	配分	扣分标准	得分
接线	5 分	接线不正确不得分	
操作模式设定	5 分	设定不正确不得分	
参数设定	10 分	设定不正确不得分	
多挡转速操作	35 分	每挡运行不正确扣 5 分	
拆线整理现场	5 分	不合格不得分	
合计			

课后练习

1. 写出用 PLC 实现如图 4-18 所示某生产机械特性运行曲线的控制的操作步骤，其基本运行参数如表 4-8 所示。

2. 在图 4-13 中，如果将 X0 改为拨动开关，Y0 的自锁点去除，变频器输出频率的规律将如何变化？

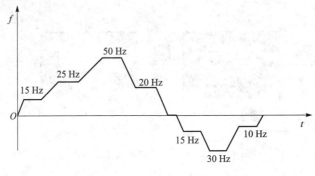

图 4-18 运行曲线

项目 4.4　计算机对变频器的控制

项目目标

1. 了解变频器 PU 接口的端子排列。
2. 熟悉计算机与变频器的连接方法。
3. 掌握计算机与变频器的通信规格、参数设定、数据格式和编程方法。

相关知识

前面已经学过，通常变频器控制即可由操作面板来完成，也可通过外部输入控制信号来实现，但是现在越来越多的场合需要对变频器进行网络通信和监控，因此，近年来实现 PC 机与变频器之间的通信控制越来越受到人们的关注，顺应这种趋势，三菱变频器提供了多种通信方式。

三菱变频器有一个称为 PU 的口，用于连接变频器的操作单元，在操作面板的后面，这个 PU 口是个 RS-485 的接口，从变频器正面看，插针排列如图 4-19 所示，利用这个接口可以用通信电缆和计算机连接起来，通过在计算机上编制用户程序实现对变频器进行运行状态的监控、运行频率的设定、启动、停止等操作。

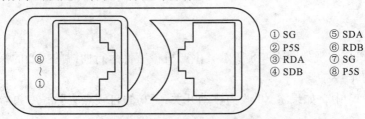

图 4-19 PU 接口插针排列

1. 计算机与变频器之间的硬件连接

由于变频器的 PU 口是一个 RS-485 接口，因此相应的计算机也必须有 RS-485 接口。计算机作为主机只能是一台，可以连接多台变频器，连接的变频器应分配不同的站号，为了防止干扰影响，配线应尽可能短。计算机与变频器的标准连接采用 5 根线，带有 RS-485 的计算机与一台变频器的具体接线如图 4-20 所示。带有 RS-485 的计算机与 n 台变频器的具体接线如图 4-21 所示。

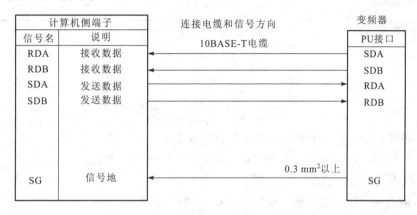

图 4-20 带有 RS-485 的计算机与一台变频器的具体接线

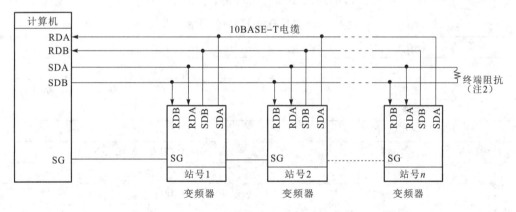

图 4-21 带有 RS-485 接口的计算机与多台变频器组合的连接示意图

由于目前使用的计算机串行接口多采用 RS-232C，因而需外加 RS-232C 与 RS-485 的电平转换器。带有 RS-232C 接口的计算机与多台变频器组合的连接示意图如图 4-22 所示。

在使用时必须注意以下几点：

（1） RS-485 接口采用 RJ45 插座，连接电缆采用 10BASE-T 电缆。

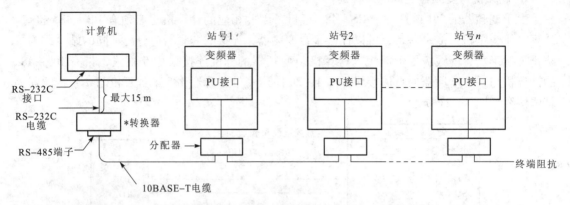

图 4-22 带有 RS-232C 接口的计算机与多台变频器组合的连接示意图

（2）在电缆与 PU 接口连接时，必须要首先卸下操作面板。

（3）不能将 PU 接口连入计算机的局域网卡、传真机调制解调器或电话接口，否则，由于电子规格的不同，可能会损坏变频器。

（4）通信电缆使用 5 芯电缆，插针 2 和 8 不使用。

2. 计算机与变频器之间的通信规格

计算机与变频器之间进行通信要按照一定的规格，如表 4-10 所示。

表 4-10 变频器与计算机的通信规格

	符合的标准		RS-485
	可连接的变频器数量		1:N（最多 32 台变频器）
	通信速率		可选择 19 200 b/s、9 600 b/s 和 4 800 b/s
	控制协议		异步
	通信方式		半双工
通信规格	字符方式		ASCII（7 位/8 位）可选
	停止位长		可在 1 位和 2 位之间选择
	结束		CR/LF（有/没有可选）
	校验方式	奇偶校验	可选择有（奇或偶）或无
		总和校验	有
	等待时间设定		在有和无之间选择

3. 变频器的初始化参数设定

计算机和变频器之间进行通信，必须在变频器的初始化中设定通信规格，如果没有设定或有错误的设定，数据将不能通信，需要设定的参数见表 4-11。特别要注意的是：每次参数设定后，需复位变频器，确保设定的参数有效。

表 4-11 变频器初始化参数设定

参数号	名称	设定值		说明
117	站号	0~31		确定从 PU 接口通信的站号 当两台以上变频器接到一台计算机上时，就需要设定变频器站号
118	通信速率	48		4 800 波特
		96		9 600 波特
		192		19 200 波特
119	停止位长/字节长	8 位	0	停止位长 1 位
			1	停止位长 2 位
		7 位	10	停止位长 1 位
			11	停止位长 2 位
120	奇偶校验有/无	0		无
		1		奇校验
		2		偶校验
121	通信再试次数	0~10		设定发生数据接收错误后允许的再试次数，如果错误连续发生次数超过允许值，变频器将报警停止
		9999（65535）		如果通信错误发生，变频器没有报警停止，这时变频器可通过输入 MRS 或 RES 信号，变频器（电机）滑行到停止 错误发生时，轻微故障信号（LF）送到集电极开路端子输出。用 Pr. 190 至 Pr. 195 中的任何一个分配给相应的端子（输出端子功能选择）
122	通信校验时间间隔	0		不通信
		0.1~999.8		设定通信校验时间 [s] 间隔
		9999		如果无通信状态持续时间超过允许时间，变频器进入报警停止状态
123	等待时间设定	0~150 ms		设定数据传输到变频器的响应时间
		9999		用通信数据设定
124	CR. LF 有/无选择	0		无 CR/LF
		1		有 CR
		2		有 CR/LF

4. 计算机与变频器的通信过程

计算机与变频器之间的数据传输是自动以 ASCII 码进行的。通信时计算机作为发送单元，启动通信过程，而变频器只能作为接收单元。计算机和变频器之间的通信比较复杂，根据实现功能不同，它们之间的通信过程也不相同，通信过程可分为 3 个阶段：通信请求阶段、变频器响应阶段和计算机对响应数据应答阶段（并不是所有功能都需要 3 个阶段）。具体 3 个阶段的执行过程描述如图 4 - 23 所示。

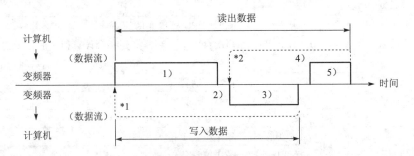

图 4 - 23　计算机与变频器通信的执行过程

计算机发出数据请求后，变频器经过一定时间的数据处理，检查数据是否发生错误。如果变频器发现有数据错误就拒绝接收请求，并要求计算机执行再试操作，如果连续再试操作超过设定值，变频器就进入报警停止状态。计算机得到变频器的响应后，再对返回的数据进行校验，如果校验到数据错误就要求变频器再返回一次响应数据，如果连续再试操作超过设定值，变频器就进入报警停止状态。当数据确认无误后通信有效。

图 4 - 23 中，*1 表示如果发现用户程序通信请求发送到变频器的数据有错误时，从用户程序通信执行再试操作。如果连续再试次数超过参数设定值，变频器进入报警停止状态。*2 表示发现从变频器返回的数据错误时，从变频器给计算机返回"再试数据 3"。如果连续数据错误次数达到或超过参数设定值，变频器进入报警停止状态。图 4 - 23 中，2 为变频器数据处理时间，除变频器复位外，其他均有数据通信，4 为计算机处理延迟时间，无通信操作，图 4 - 23 中空白处均表示无通信操作。

5. 计算机与变频器的通信数据格式

（1）数据格式类型。

计算机对变频器进行运行状态的监控、运行频率的设定、启动、停止等操作，各种控制的通信数据格式类型如表 4 - 12 所示。

表 4 - 12　计算机与变频器的通信数据格式类型

编号	操　　作	运行指令	运行频率	参数写入	变频器复位	监视	参数读出
1)	根据用户程序通信请求发送到变频器	A'	A	A	A	B	B
2)	变频器数据处理时间	有	有	有	无	有	有

续表

编号	操作		运行指令	运行频率	参数写入	变频器复位	监示	参数读出
3)	从变频器返回的数据（检查数据1的错误）	没有错误 接受请求	C	C	C	无	E E′	E
		有错误 拒绝请求	D	D	D	无	F	F
4)	计算机处理延迟时间		无	无	无	无	无	无
5)	计算机根据返回数据3的应答（检查数据3的错误）	没有错误 不处理	无	无	无	无	G	G
		随着错误数据3输出	无	无	无	无	H	H

(2) 具体通信数据格式。

数据在上位计算机与变频器上位机之间通信的数据使用 ACSII 码传输。

1) 从计算机到变频器的通信请求数据格式如图 4-24 所示。

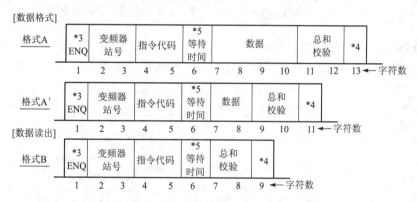

图 4-24 从计算机到变频器的通信请求数据格式示意图

2) 数据写入时从变频器到上位计算机的应答数据格式如图 4-25 所示。

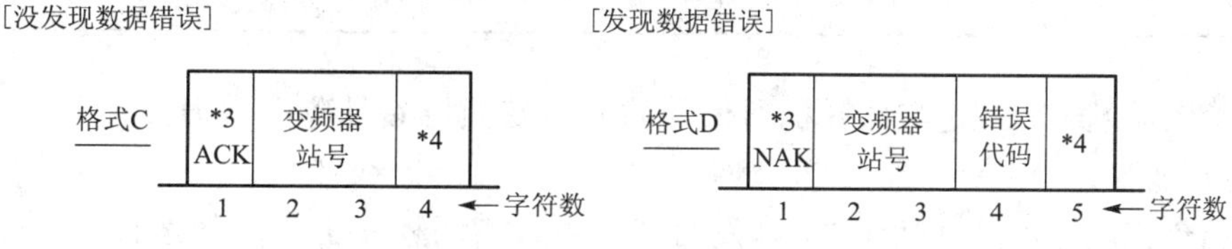

图 4-25 写入数据时从变频器到计算机的应答数据格式示意图

3) 读出数据时从变频器到计算机的应答数据格式如图 4-26 所示。

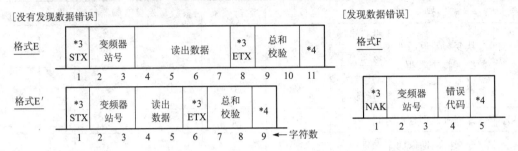

图 4-26 读出数据时从变频器到计算机的应答数据格式示意图

4) 读出数据时从计算机到变频器的发送数据格式,如图 4-27 所示。

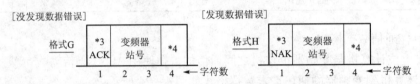

图 4-27 读出数据时从计算机到变频器的发送数据格式示意图

(3) 数据格式中的数据定义。

1) 数据格式中的 *3 表示控制代码,各控制代码的定义见表 4-13。

表 4-13 控制代码的定义

信 号	ASCII 码	说 明
STX	H02	正文开始(数据开始)
ETX	H03	正文结束(数据结束)
ENQ	H05	查询(通信请求)
ACK	H06	承认(没发现数据错误)
LF	H0A	换行
CR	H0D	回车
NAK	H15	不承认(发现数据错误)

2) 变频器站号。规定与计算机通信的站号,变频器站号范围在 H00~HIF(00~31)之间设定。

3) 指令代码。由计算机(PLC)发给变频器,指明程序工作(如运行、监视)状态。因此,通过响应指令代码,变频器可工作在运行和监视等状态。指令代码的定义见表 4-14。

表 4-14 指令代码的定义

指令代码	指令定义	对应的 ASCII 码
HFA	正转	H02
HFA	反转	H04
HFA	停止	H00
HED	频率写入	H0000 ~ H2EE0
H6F	频率输出	H0000 ~ H2EE0
H71	电流输出	H0000 ~ HFFFF
H72	电压输出	H0000 ~ HFFFF

4) 数据。数据表示与变频器传输的数据，如频率和参数等。依照指令代码，确认数据的定义和设定范围。

5) 等待时间。规定为变频器从接收到计算机（PLC）来的数据到传输应答数据之间的等待时间。根据计算机的响应时间在 0~150 ms 之间来设定等待时间，最小设定单位为 10 ms。若设定值为 1，则等待时间为 10 ms；若设定值为 2，则等待时间为 20 ms，如图 4-28 所示。

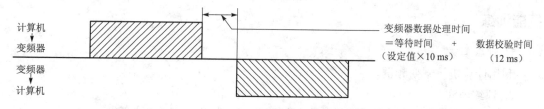

图 4-28 等待时间示意图

注：Pr. 123 ［响应时间设定］不设定为 9999 的场合下，数据格式中的"响应时间"字节没有，而是作为通信请求数据，其字符数减少一个。

6) 总和校验。是指被校验的 ASCII 码数据的总和。它的求法是：将从"站号"到"数据"的 ASCII 码按十六进制加法求总和，再对和的低两位进行 ASCII 编码。总和校验计算示例如图 4-29（a）、（b）所示。

6. 编程

计算机对变频器控制编程常用 VB、VC、汇编等语言，程序中主要包括：数据编码、求取校验和、成帧、发送数据、接收数据的奇偶校验、超时处理、出错重发处理等。

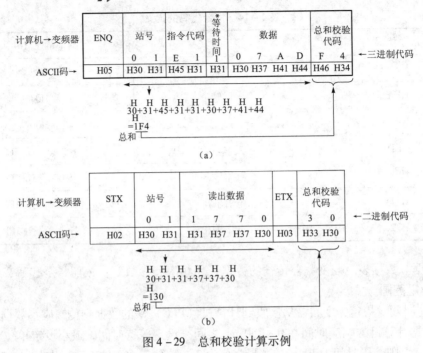

图 4-29 总和校验计算示例

技能训练

1. 训练要求

利用计算机控制变频器。

2. 训练内容

1）按照图 4-20 所示把计算机与变频器连接好。
2）按照表 4-11 所示对三菱变频器进行参数设置。
3）复位变频器确保设定的参数有效。
4）编写通信程序，实现通信。

PC 机通过 RS-485 通信控制变频器运行的参考汇编语言程序为：

```
0    LD  M8002
1    MOV H0C96 D8120
6    LD  X001
7    RS  D10 D26 D30 D49
16   LD  M8000
17   OUT M8161
19   LD  X001
```

```
20  MOV H5 D10
25  MOV H30 D11
30  MOV H31 D12
35  MOV H46 D13
40  MOV H41 D14
45  MOV H31 D15
50  MPS
51  ANI X003
52  MOV H30 D16
57  MPP
58  ANI X003
59  MOV H34 D17
64  LDP X002
66  CCD D11 D28 K7
73  ASCI D28 D18 K2
80  MOV K10 D26
85  MOV K0 D49
90  SET M8122
92  END
```

以上程序运行时，PC 机通过 RS-485 正转启动变频器。

5）计算机控制变频器训练评估表如表 4-15 所示。

表 4-15 训练评估表

训练内容	配分	扣分标准	得分
PC 机与变频器的连接	15 分	接线不正确不得分	
变频器参数设置	20 分	设置不正确不得分	
编程调试	20 分	运行不正确不得分	
安全生产	5 分	不合格不得分	
合计			

课后练习

1. 画出一台计算机对 10 变频器控制的电路图。
2. 简述计算机与变频器的通信规格。
3. 为了实现变频器与计算机之间的通信，哪些变频器的参数需要初始化设置？
4. 变频器的参数初始化设置后，为什么每次都需复位变频器？
5. 简述计算机和变频器的通信过程。

模块 5
变频器选用、安装与维护

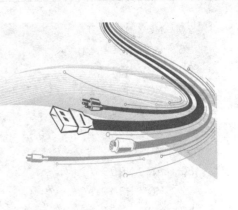

在变频器的使用中,由于变频器选型、使用和维护不当,往往会引起变频器不能正常运行,甚至引发设备故障,导致生产中断,带来不必要的损失。为此,本模块将介绍变频器的选择、安装和维护方法,具体内容安排见表 5-1。

表 5-1 模块 5 的项目架构

项目编号	名称	目标
1	变频器的选用	掌握根据负载特性选择变频器的类型、容量、配件的方法
2	变频器的安装、布线及抗干扰	掌握变频器的安装方法、布线要求和抗干扰的措施
3	变频器的保护功能及故障处理	掌握变频器有哪些保护功能,动作后的处理办法,非保护功能引起的故障处理办法

专题 5.1 变频器的选用

在实际工程应用中,变频器的选择包括类型选择、容量选择和外围设备选择 3 个方面。

5.1.1 变频器类型的选择

在电力拖动中存在两个主要转矩:一个是生产机械的负载转矩 T_L,另一个是电动机的电磁转矩 T_e。这两个转矩与转速之间的关系称为负载的机械特性 $n=f(T_L)$ 和电动机的机械

特性 $n=f(T_e)$,电力拖动系统的稳态工作情况取决于电动机和负载的机械特性,因此选择变频器的类型,合理地配置一个电力拖动系统,必须要了解负载的机械特性。

1. 负载的机械特性

(1) 恒转矩负载及其特性。

在工、矿企业中应用比较广泛的带式输送机、桥式起重机等都属于恒转矩负载类型。提升类负载也属于恒转矩负载类型,其特殊之处在于正、反转时有着相同方向的转矩。

1) 转矩特点。在不同的转速下,负载的转矩基本恒定:

$$T_L = 常数$$

即负载转矩的大小 T_L 与转速 n 的高低无关,其机械特性如图 5-1 (b) 所示。

2) 功率特点。负载的功率 P_L (kW)、转矩 T_L (N·m),与转速 n 之间的关系是

$$P_L = \frac{T_L n}{9\,550}$$

即负载功率与转速成正比,其功率曲线如图 5-1 (c) 所示。

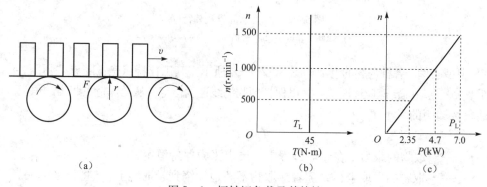

图 5-1 恒转矩负载及其特性
(a) 带式输送机;(b) 机械特性;(c) 功率特性

3) 典型实例。带式输送机基本结构和工作情况如图 5-1 (a) 所示。当带式输送机运动时,其运动方向与负载阻力方向相反。其负载转矩的大小与阻力的关系为

$$T_L = F r$$

式中 F——传动带与滚筒间的摩擦阻力,N;
  r——滚动的半径,m。

由于 F 和 r 都和转速的快慢有关,所以在调节转速 n 的过程中,转矩 T_L 保持不变,即具有恒转矩的特点。

(2) 恒功率负载及其特性。

各种卷取机械是恒功率负载类型,如造纸机械。

1) 功率特点。在不同转速下,负载的功率基本恒定,有

$$P_L = 常数$$

即负载功率的大小与转速的高低无关，其功率特性如图 5-2（c）所示。

2）转矩特点。

$$T_L = \frac{9\,550 P_L}{n}$$

即负载转矩的大小与转速成反比，如图 5-2（b）所示。

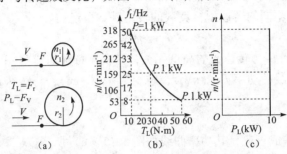

图 5-2 恒功率负载及其特性
(a) 薄膜的卷取；(b) 机械特性；(c) 功率特性

3）典型实例。各种薄膜的卷取如图 5-2（a）所示。其工作特点是：随着"薄膜卷"的卷径不断增大，卷取的转速应逐渐减小，以保持薄膜的线速度恒定，从而保持了张力的恒定。

而负载转矩的大小 T_L 为

$$T_L = F\,r$$

式中　F——卷取物的张力，在卷取过程中，要求张力保持恒定；
　　　r——卷取物的卷取半径，随着卷取物不断地卷绕到卷取辊上，r 将越来越大。

由于具有以上特点，因此在卷取过程中，拖动系统的功率是恒定的：

$$P_L = F\,v = 常数$$

式中　v——卷取物的线速度。

随着卷绕过程的不断进行，被卷取物的直径不断增大，负载转矩也不断加大。

(3) 二次方律负载及其特性。

离心式风机和水泵都属于典型的二次方律负载。

1）转矩特点。负载的转矩 T_L 与转速 n 的二次方成正比，即

$$T_L = K_T n^2$$

式中　K_T——负载转矩常数。

其机械特性曲线如图 5-3（b）所示。

2）功率特点。二次方律负载的功率与转速 n 的三次方成正比，即

$$P_L = K_P n^3$$

式中 K_P——二次方律负载的功率常数。其功率特性如图 5-3（c）所示。

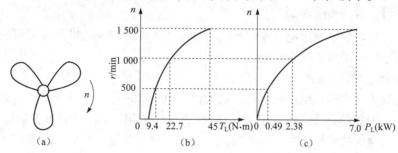

图 5-3 二次方律负载及其特性
(a) 风机叶片；(b) 机械特性；(c) 功率特性

3) 典型实例。以风扇叶为例，如图 5-3（a）所示。事实上，即使在空载的情况下，电动机的输出轴上也会有损耗转矩 T_o，如摩擦转矩。因此，严格地讲，其转矩表达式应为

$$T_L = T_o + K_T n^2$$

功率表达式为

$$P_L = P_o + K_P n^3$$

式中 P_o——空载损耗；
n——风扇转速。

2. 不同机械特性的负载应选用的变频器类型

不同机械特性的负载选用的变频器类型如表 5-2 所示。

表 5-2 不同机械特性的负载选用的变频器

负载		恒转矩	恒功率	二次方律
变频器类型	一般要求	U/f 控制变频器	U/f 控制变频器	U/f 控制变频器
	要求较高	矢量控制变频器、直接转矩控制变频器	矢量控制变频器、直接转矩控制变频器	

5.1.2 变频器容量的选择

变频器的容量一般用额定输出电流（A）、输出容量（kV·A）、适用电动机功率（kW）表示。其中，额定输出电流为变频器可以连续输出的最大交流电流有效值。

1. 额定输出电流

采用变频器驱动异步电动机调速时，在异步电动机确定后，通常应根据异步电动机的额定电流来选择变频器，或者根据异步电动机实际运行中的电流值（最大值）来选择变频器。

（1）连续运行的场合。

由于变频器供给电动机的电流是脉动电流，其脉动值比工频供电时的电流要大。因此须将变频器的容量留有适当的裕量。

一般令变频器的额定输出电流不小于（1.05～1.1）倍的电动机的额定电流（铭牌值）或电动机实际运行中的最大电流。

（2）短时加、减速运行的场合。

变频器的最大输出转矩是由变频器的最大输出电流决定的。一般情况下，对于短时间的加、减速而言，变频器允许达到额定输出电流130%～150%（视变频器容量有别）。因此，在短时间加、减速时的输出转矩也可以增大；反之如只需要较小的加、减速转矩时，也可降低选择变频器的容量。由于电流的脉动原因，此时应将变频器的最大输出电流降低10%后再进行选定。

（3）频繁加、减速运转时的场合。

对于频繁加、减速运转时，运行曲线如图5-4所示。变频器容量的选定可根据加速、恒速、减速等各种运行状态下变频器的电流值来确定变频器额定输出电流I_{INV}。按下式选定：

$$I_{INV} = [(I_1 t_1 + I_2 t_2 + \cdots)/(t_1 + t_2 + \cdots)]K_0$$

式中 I_1，I_2，…——各运行状态下的平均电流，A；

t_1，t_2，…——各运行状态下的时间，s；

K_0——安全系数（运行频繁时取1.2，一般运行时取1.1）。

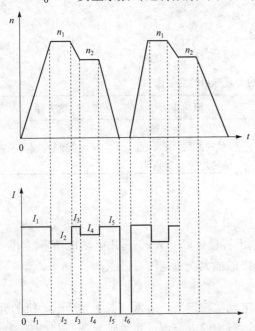

图5-4 频繁加、减运转时的运行曲线

（4）电流变化不规则的场合。

运行中如果电动机电流不规则变化，此时不易获得运行特性曲线。这时，可根据使电动机在输出最大转矩时的电流限制在变频器的额定输出电流内进行选定。

（5）电动机直接启动时的场合。

通常，三相异步电动机直接用工频启动时启动电流为其额定电流的5～7倍，直接启动时可按下式选取变频器，即

$$I_{INV} \geq I_K / K_g$$

式中 I_K——在额定电压、额定频率下电动机启动时的堵转电流，A；

K_g——变频器的允许过载倍数，$K_g = 1.3～1.50$。

（6）多台电动机共享一台变频器供电。

上述步骤（1）至步骤（5）条仍适用，但应考虑以下几点：

① 在电动机总功率相等的情况下，由多台小功率电动机组成的一组电动机效率，比由台数少但电动机功率较大的一组低。因此，两者电流总值并不相等，可根据各电动机的电流总值来选择变频器。

② 在整定软启动、软停止时，一定要按启动最慢的那台电动机进行整定。

③ 若有一部分电动机直接启动时，可按下式进行计算，即

$$I_{INV} \geq [N_2 I_K + (N_1 + N_2) I_N]/K_g$$

式中　N_1——电动机总台数；

　　　N_2——直接启动的电动机台数；

　　　I_K——电动机直接启动时的堵转电流，A；

　　　I_N——电动机额定电流；

　　　K_g——变频器允许过载倍数（1.3～1.5）；

　　　I_{INV}——变频器额定输出电流。

多台电动机依次进行直接启动，到最后一台时启动条件最不利。

（7）容量选择注意事项。

① 并联追加投入启动。用1台变频器使多台电动机并联运行时，如果所有电动机同时启动加速，可按如前所述选择容量。但是对于一小部分电动机开始启动后再追加投入其他电动机启动的场合，此时，变频器的电压、频率已经上升，追加投入的电动机将产生大的启动电流。因此，变频器容量与同时启动时相比需要大些。

② 大过载容量。根据负载的种类往往需要过载容量大的变频器。通用变频器过载容量通常多为125%、60 s或150%、60 s，需要超过此值的过载容量时必须增大变频器的容量。

③ 轻载电动机。电动机的实际负载比电动机的额定输出功率小时，则认为可选择与实际负载相称的变频器容量。对于通用变频器，即使实际负载小，使用比按电动机额定功率选择的变频器容量小的变频器并不理想。

2. 额定输出电压

变频器的输出电压按电动机的额定电压选定。在我国低压电动机多数为380 V，可选用400 V系列变频器。应当注意，变频器的工作电压是按U/f曲线变化的。变频器规格表中给出的输出电压是变频器的可能最大输出电压，即基频下的输出电压。

3. 输出频率

变频器的最高输出频率根据机种不同而有很大不同，有50 Hz/60 Hz、120 Hz、240 Hz或更高。50 Hz/60 Hz的变频器，以在额定速度以下范围内进行调速运转为目的，大容量通用变频器几乎都属于此类。最高输出频率超过工频的变频器多为小容量。在50 Hz/60 Hz以上区域，由于输出电压不变，为恒功率特性，要注意在高速区转矩的减小。例如，车床根据工件的直径和材料改变速度，在恒功率的范围内使用；在轻载时采用高速可以提高生产率，

但需注意不要超过电动机和负载的允许最高速度。

考虑到以上特点,根据变频器的使用目的所确定的最高输出频率来选择变频器。

变频器内部产生的热量大,考虑到散热的经济性,除小容量变频器外几乎都是开启式结构,采用风扇进行强制冷却。变频器设置场所在室外或周围环境恶劣时,最好装在独立盘上,采用具有冷却热交换装置的全封闭式结构。

对于小容量变频器,在粉尘、油雾多的环境或者棉绒多的纺织厂也可采用全封闭式结构。

5.1.3 变频器外围设备的选择

变频器的运行离不开某些外围设备,这些外围设备通常都是选购件。选用外围设备通常是为了提高变频器的某些性能、对变频器和电动机进行保护以及减小变频器对其他设备的影响等。

变频器的外围设备如图5-5所示,下面分别说明其用途与注意事项等。

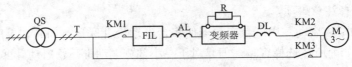

图5-5 变频器的外围设备

1. 电源变压器 T

电源变压器 T 将高压电源变换成通用变频器所需的电压等级,如220 V量级或400 V量级等。变频器的输入电流含有一定量的高次谐波,使电源侧的功率因数降低。若再考虑变频器的运行效率,则变压器的容量常按下式取值,即

$$变压器的容量(KVA) = \frac{变频器的输出功率}{变频器输入功率因数 \times 变频器效率}$$

其中,变频器输入功率因数在有输入交流电抗器 L_1 时,取 0.8~0.85。在无输入电抗器 L_1 时,则取 0.6~0.8。变频器效率可取 0.95,输出功率应为所接电动机的总功率。

2. 低压断路器 QS

用于控制电源回路的通、断。在出现过流或短路事故时自动切断电源,以免事故扩大。如果需要进行接地保护,也可采用漏电保护式开关。使用变频器无一例外地都采用 QS,低压断路器外形如图5-6所示。

3. 接触器 KM1

用于控制变频器电源的通、断。在变频器保护功能起作用时,应切断电源。对于电网停电后的复电,可以防止自动再投入,以保护设备及人身安全。接触器 KM1 外形如图5-7所示。

图 5-6 低压断路器外形

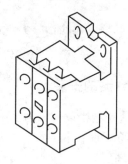

图 5-7 接触器 KM1 外形

4. 无线电噪声滤波器 FIL

用于限制变频器因高次谐波对外界的干扰，可酌情选用。

5. 交流电抗器 AL 和 DL

AL 用于抑制变频器输入侧的谐波电流，改善功率因数。选用与否应视电源变压器与变频器容量的匹配情况及电网电压允许的畸变程度而定，一般情况以选用为好。DL 用于改善变频器输出电流的波形，降低电动机的噪声。交流电抗器外形如图 5-8 所示。

6. 制动电阻 R

用于吸收电动机再生制动的再生电能，可以缩短大惯量负载的自由停车时间，还可以在位能负载下放时实现再生运行。

制动电阻阻值及功率计算比较复杂，一般用户可以参照表 5-3 所示的最小制动电阻，根据经验选取，也可以由试验来确定。

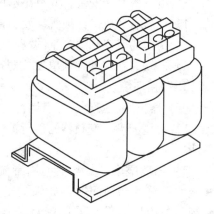

图 5-8 交流电抗器外形

表 5-3 允许的最小制动电阻

电动机功率（kW）	0.4	0.75	2.2	3.7	5.5	7.5	11	15	18.5~45
最小制动电阻（Ω）	96	96	64	32	32	32	20	20	12.8

7. 接触器 KM2 和 KM3

用于变频器和工频电网之间的切换运行。在这种方式下，则 KM2 是必不可少的。它和 KM3 之间的联锁可以防止变频器的输出端接到工频电网上。一旦出现变频器输出端误接到工频电网的情况，必将损坏变频器。如果不需要变频器与工频电网的切换功能，可以不要 KM2。注意，有些机种要求 KM2 只能在电动机和变频器处于停机状态时动作。

专题 5.2　变频器的安装、布线及抗干扰

5.2.1　变频器的安装

变频器属于精密设备。为了确保其能够长期、安全、可靠地运行，安装时必须充分考虑变频器工作场所的条件。

1. 设置场所

安装变频器的场所应具备以下条件：

1）无易燃、易爆、腐蚀性气体和液体，粉尘少。
2）结构房或电气室应湿气少，无水浸。
3）变频器易于安装，并有足够的空间，便于维修检查。
4）应备有通风口或换气装置，以排出变频器产生的热量。
5）应与易受变频器产生的高次谐波和无线电干扰影响的装置隔离。
6）若安装在室外，须单独按照户外配电装置设置。

2. 使用环境

变频器长期、安全、可靠运行的条件如下：

1）环境温度。变频器的运行温度多为 0~40℃ 或 -10~50℃，要注意变频器柜体的通风性。
2）环境湿度。变频器的周围湿度为 90% 以下。周围湿度过高，存在电气绝缘降低和金属部分的腐蚀问题。如果受安装场所的限制，变频器不得已安装在湿度高的场所，变频器的柜体应尽量采用密封结构。为防止变频器停止时结露，有时装置需加对流加热器。
3）振动。安装场所的振动加速度应限制在 0.6 g 以内，超过变频器的容许值时，将产生部件的紧固部分松动以及继电器和接触器等的可动部分的器件误动作，往往导致变频器不能稳定运行。对于机床、船舶等事先能预见的振动场合，应考虑变频器的振动问题。

3. 安装方式

在安装变频器时，常见的安装方式及注意事项如下：

1）为了便于通风，使变频器散热，变频器应该垂直安装，不可倒置或平放安装，如图 5-9 所示；另外，四周要保留一定的空间距离，如图 5-10 所示。
2）变频器工作时，其散热片附近的温度可高达 90℃，故变频器的安装底板与背面须为耐温材料。
3）变频器安装在柜内时，要注意充分通风与散热，避免超过变频器的最高允许温度，如图 5-11 所示。

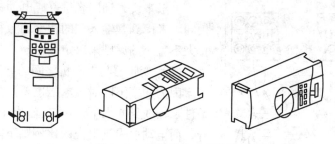

图 5-9　变频器的正确安装

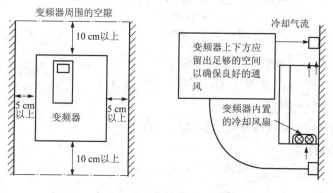

图 5-10　变频器的安装空间

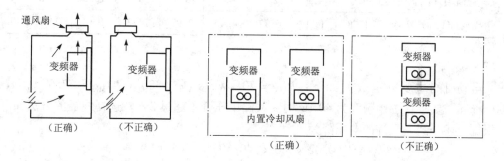

图 5-11　变频器的柜内安装

5.2.2　变频器的布线

1. 主电路的布线

主电路的接线方法如图 5-12 所示。

(1) 电源与变频器之间的导线线径的选择。

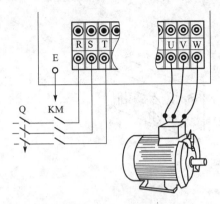

图 5-12 主电路接线

一般来说，和同容量普通电动机的电线选择方法相同。考虑到其输入侧的功率因数往往较低，应本着宜大不宜小的原则来决定线径。

(2) 变频器与电动机之间的导线线径的选择。

因为频率下降时，电压也要下降，在电流相等的条件下，线路电压降 ΔU 在输出电压中的比例将上升，而电动机得到电压的比例则下降，有可能导致电动机发热。所以，在决定变频器与电动机之间导线的线径时，最关键的因素便是线路电压降 ΔU 的影响。一般要求为

$$\Delta U \leqslant (2 \sim 3)\% U_{MN} f/50$$

ΔU 的计算公式是

$$\Delta U = \sqrt{3} I_{MN} R_0 l / 1\,000$$

式中 I_{MN} ——电动机额定电流，A；

R_0——单位长度（每米）导线的电阻，$m\Omega/m$；

l ——导线的长度，m。

常用电动机引出线的单位长度电阻值见表 5-4。

表 5-4　常用电动机引出线的单位长度电阻值

标称截面积（mm^2）	1.0	1.5	2.5	4.0	6.0	10.0	16.0	25.0	35.0
R_0（$m\Omega/m$）	17.8	11.9	6.92	4.40	2.92	1.73	1.10	0.69	0.49

(3) 实例。

某电动机的主要额定数据如下：$P_{MN}=30$ kW，$U_{MN}=380$ V，$I_{MN}=57.6$ A，$n_{MN}=1\,460$ r/min。要求在工作频率为 40 Hz 时，线路电压降不超过 2%。选择线径的方法如下。

根据上述公式，允许的电压降为

$$\Delta U \leqslant 0.02 \times 380 \times (40/50) = 6.08\ (V)$$

求得允许的电阻为 $R_0 \leqslant 1.52$ mΩ，由表 5-4 可知，应选截面积为 16 mm^2 的导线。

(4) 注意事项。

1) 主电路电源端子 R、S、T，经接触器和空气开关与电源连接，不需要考虑相序。

2) 变频器的保护功能动作时，继电器的常闭触点控制接触器电路，会使接触器断开，从而切断变频器的主电路电源。

3) 不应以主电路的通断来进行变频器的运行、停止操作，而需用控制面板上的运行键（RUN）和停止键（STOP）或用控制电路端子 STF（STR）来操作。

4）变频器输出端子（U、V、W）最好经热继电器再接至三相电动机上，当旋转方向与设定不一致时，要调换 U、V、W 三相中的任意两相。

5）变频器的输出端子不要连接到电力电容器或浪涌吸收器上。

2. 控制电路的接线

（1）模拟量控制线。

模拟量控制线主要包括：输入侧的给定信号线和反馈信号线以及输出侧的频率信号线和电流信号线。

模拟量信号的抗干扰能力较低，因此，必须使用屏蔽线。屏蔽层靠近变频器的一端，应接到控制电路的公共端（COM），不要接到变频器的地端（E），如图 5-13 所示。屏蔽层的另一端应该悬空。布线时还应该遵守以下原则：

1）尽量远离主电路 100 mm 以上。

2）尽量不和主电路交叉，如必须交叉时应采取垂直交叉的方式。

（2）开关量控制线。

如启动、点动、多挡转速控制等的控制线，都是开关量控制线。一般来说，模拟量控制线的接线原则也都适用于开关量控制线。但开关量的抗干扰能力较强，故在距离不远时，允许不使用屏蔽线，但同一信号的两根线必须互相绞在一起。如果操作台离变频器较远，应该先将控制信号转换成能远距离传送的信号，再将能远距离传送的信号转换成变频器所要求的信号。

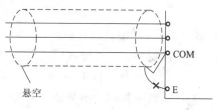

图 5-13 屏蔽线的接法

（3）变频器的接地。

从安全及降低噪声的需要出发，为防止漏电和干扰侵入或辐射，变频器必须接地。根据电气设备技术标准规定，接地电阻应不大于国家标准规定值，且用较粗的短线接到变频器的专用接地端子 E 上。当变频器和其他设备，或有多台变频器一起接地时，每台设备应分别和地相接，而不允许将一台设备的接地端和另一台设备的接地端相接后再接地，如图 5-14 所示。

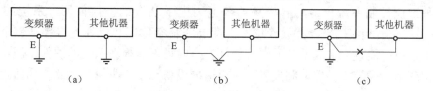

图 5-14 变频器接地方式示意图
(a) 专用地线（正确）；(b) 共用地线（正确）；(c) 共通地线（错误）

（4）大电感线圈的浪涌电压吸收电路。

接触器、电磁继电器的线圈及其他各类电磁铁的线圈都具有很大的电感。在接通和断开的瞬间，由于电流的突变，它们会产生很高的感应电动势，因而在电路内部会形成峰值很高的浪涌电压,导致内部控制电路的误动作。所以,在所有电感线圈的两端,必须接入浪涌电压吸收电路。在大多数情况下,可采用阻容吸收电路,如图 5-15(a)所示;在直流电路的电感线圈中,也可以只用一只二极管,如图 5-15(b)所示。

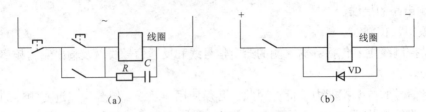

图 5-15 浪涌电压吸收电路
(a) 阻容吸收电路;(b) 直流吸收电路

3. 通电前的检查

变频器安装、接线完成后,通电前应进行下列检查。

(1) 外观、构造检查。

包括检查变频器的型号是否有误、安装环境有无问题、装置有无脱落或破损、电缆直径和种类是否合适、电气连接有无松动、接线有无错误及接地是否可靠等。

(2) 绝缘电阻检查。

测量变频器主电路绝缘电阻时,必须将所有输入端(R、S、T)和输出端(U、V、W)都连接起来后,再用 500 V 兆欧表测量绝缘电阻,其值应在 10 MΩ 以上。而控制电路的绝缘电阻应用万用表的高阻挡测量,不能用兆欧表或其他有高电压的仪表测量。

(3) 电源电压检查。

检查主电路电源电压是否在容许电源电压值以内。

5.2.3 变频器的抗干扰

在各种工业控制系统中,随着变频器等电力电子装置的广泛使用,系统的电磁干扰(EMI)日益严重,相应的抗干扰设计技术(即电磁兼容 EMC)已经变得越来越重要。变频器系统的干扰有时能直接造成系统的硬件损坏,有时虽不能损坏系统的硬件,但常使微处理器的系统程序运行失控,导致控制失灵,从而造成设备和生产事故。因此,如何提高变频器的抗干扰能力和可靠性显得尤为重要。要解决变频器的抗干扰问题,首先要了解干扰的来源、传播方式,然后再针对这些干扰采取不同的措施。

1. 变频器的干扰

变频器的干扰主要包括外界对变频器的干扰以及变频器对外界的干扰两种情况。

(1) 外界对变频器的干扰。

1) 电网三相电压不平衡造成变频器输入电流发生畸变。

2）电网中存在大量谐波源，如各种整流设备、功率因数补偿电容器、交/直流转换设备、电子电压调整设备、非线性负载及照明设备等，这些负荷都使电网中的电压、电流产生波形畸变，从而造成变频器输入电压波形畸变。

（2）变频器对外界的干扰。

变频器的输入和输出电流中，都含有很多高次谐波成分，如图 5-16 所示。除了能构成电源无功损耗的较低次谐波外，还有许多频率很高的谐波成分。它们将以各种方式把自己的能量传播出去，引起电源电压波形的畸变，影响其他设备的工作。

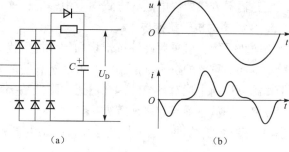

图 5-16 变频器的输入电流波形
（a）变频器整流电路；（b）输入电流波形

2. 干扰信号的传播方式

变频器能产生功率较大的谐波，其干扰传播方式与一般电磁干扰的传播方式是一致的，主要分传导（也称电路耦合）、感应耦合和电磁辐射，如图 5-17 所示。

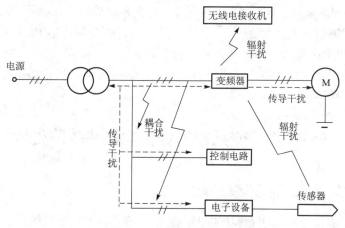

图 5-17 谐波干扰方式

（1）传导方式。

通过电源网络传播。由于输入电流为非正弦波，当变频器的容量较大时，将使网络电压产生畸变，影响其他设备工作，同时输出端产生的传导干扰使直接驱动的电机铜损、铁损大幅增加，影响了电机的运转特性。显然，这是变频输入电流干扰信号的主要传播方式。

（2）感应耦合方式。

当变频器的输入电路或输出电路与其他设备的电路挨得很近时，变频器的高次谐波信号将通过感应的方式耦合到其他设备中去。感应的方式又有两种：

1）电磁感应方式，这是电流干扰信号的主要方式。

2）静电感应方式，这是电压干扰信号的主要方式。
（3）电磁辐射方式。
电磁辐射方式即以电磁波方式向空中辐射，这是频率很高的谐波分量的主要传播方式。

3. 变频器的抗干扰措施

为防止干扰，可采用硬件抗干扰和软件抗干扰等措施。其中，硬件抗干扰是应用措施系统最基本和最重要的抗干扰措施，一般从抗和防两方面入手来抑制干扰，其原则是抑制和消除干扰源、切断干扰对系统的耦合通道、降低系统干扰信号的敏感性。具体措施在工程上可采用隔离、滤波、屏蔽和接地等方法。

1）变频系统的供电电源与其他设备的供电电源相互独立，或在变频器和其他用电设备的输入侧安装隔离变压器，切断谐波电流。

2）在变频器输入侧与输出侧串接合适的电抗器，或安装谐波滤波器，滤波器的组成必须是 LC 型，吸收谐波和增大电源或负载的阻抗，达到抑制谐波的目的。

3）电动机和变频器之间电缆应穿过钢管敷设或用包装电缆，并与其他弱电信号在不同的电缆沟分别敷设，避免辐射干扰。

4）信号线采用屏蔽线，且布线时与变频器主电路控制线错开一定距离，切断辐射干扰。

5）对于电磁辐射方式传播的干扰信号，主要通过由高频电容构成的滤波器来吸收削弱，它能吸收掉频率很高的、具有辐射能量的谐波成分。

6）变频器使用专用接地线，且用粗短线接地，邻近其他电气设备的地线必须与变频器配线分开，使用短线。

专题 5.3　变频器的保护功能及故障处理

5.3.1　变频器的保护功能及复位方法

变频器本身具有相当丰富的保护功能和异常故障显示功能，保证变频器在工作下正常发生故障时，及时地做出处理，以确保系统的安全。若保护功能动作时，变频器立即跳闸，LED 显示故障代码，使电动机处于自由运转状态到停止。在消除故障原因或控制电路端子后才能复位。

1. 变频器常见的保护功能

（1）过电流保护和失速防止功能。

变频器中过电流保护的对象主要指带有突变性质的电流的峰值超过了过电流检测值（约为额定电流的 200%），由于逆变器件的过载能力较差，所以变频器的过电流保护是至关重要的一环。过电流保护动作后显示的故障代码、检查要点、处理方法如表 5-5 所示。

（2）过电压保护。

产生过电压的原因大致可以分为两类：一类是在减速制动的过程中，由于电动机处于再生制动状态,若减速时间太短或制动电阻及制动单元有问题,因再生能量来不及释放,引起变频器主电路直流电压升高而产生过电压;另一类是由于电源系统的浪涌电压引起的过电压。过电压保护动作后显示的故障代码、检查要点、处理方法如表 5-6 所示。

(3) 失速防止保护功能。

在大多数的拖动系统中,由于负载的变动,短时间的过电流是不可避免的。为了避免频繁的跳闸给生产带来的不便,一般的变频器都设置了失速防止保护功能。失速防止保护功能动作后显示的故障代码、检查要点、处理方法如表 5-7 所示。

(4) 过载保护。

过载的基本反映是:电动机的运行电流虽然超过了额定值,但超过的幅度不大,一般也未形成较大的冲击电流,电动机能够旋转。通常采用热继电器对电动机进行过载保护。过载保护动作后显示的故障代码、检查要点、处理方法如表 5-8 所示。

表 5-5 过电流保护动作后显示的故障代码及处理方法

操作面板显示	E.OC1		FR-PU05	OC During Acc
名称	加速时过电流断路			
内容	加速运行中,当变频器输出电流超过额定电流的 200% 时,保护回路动作,停止变频器输出 仅给 R1. S1 端子供电,输入启动信号时,也为此显示			
检查要点	是否急加速运转 输出是否短路 主回路电源(R. S. T)是否供电			
处理	• 延长加速时间 • 启动时,"E.OC1" 总是点亮的情况下,拆下电机再启动。如果"E.OC1"仍点亮,请与经销商或本公司营业所联系 • 主回路电源(R. S. T)供电			
操作面板显示	E.OC2	E.OC2	FR-PU04	Stedy Spd OC
名称	定速时过电流断路			
内容	定速运行中,当变频器输出电流超过额定电流的 200% 时,保护回路动作,停止变频器输出			
检查要点	负荷是否有急速变化 输出是否短路			
处理	取消负荷的急速变化			

续表

操作面板显示	E.0C3	E.0C3	FR－PU04	OC During Dec
名称	减速时过电流断路			
内容	减速运行中（加速、定速运行之外），当变频器输出电流超过额定电流的200%时，保护回路动作，停止变频器输出			
检查要点	是否急减速运转 输出是否短路 电机的机械制动是否过早			
处理	● 延长减速时间 ● 检查制动动作			

表5－6　过电压保护动作后显示的故障代码及处理方法

操作面板显示	E.0V1	E.0u1	FR－PU04	0V During Acc
名称	加速时再生过电压断路			
内容	因再生能量，使变频器内部的主回路直流电压超过规定值，保护回路动作，停止变频器输出。电源系统里发生的浪涌电压也可能引起动作			
检查要点	加速度是否太缓慢			
处理	缩短加速时间			
操作面板显示	E.0V2	E.0u2	FR－PU04	Stedy Spd 0V
名称	定速时再生过电压断路			
内容	因再生能量，使变频器内部的主回路直流电压超过规定值，保护回路动作，停止变频器输出。电源系统里发生的浪涌电压也可能引起动作			
检查要点	负荷是否有急速变化			
处理	● 取消负荷的急速变化 ● 必要时，请使用制动单元或电源再生变换器（FR－RC）			

续表

操作面板显示	E.0V3	E.0u3	FR-PU04	0V During Dec
名称	减速，停止时再生过电压断路			
内容	因再生能量，使变频器内部的主回路直流电压超过规定值，保护回路动作，停止变频器输出。电源系统里发生的浪涌电压也可能引起动作			
检查要点	是否急减速运转			
处理	• 延长减速时间（使减速时间符合负荷的转动惯量） • 减少制动频度 • 必要时，请使用制动单元或电源再生变换器（FR-RC）			

表 5-7　失速防止保护动作后显示的故障代码及处理方法

操作面板显示		0L	OL	FR-PU04	0L (Stll Prev STP)
名称		失速防止（过电流）			
内容	加速时	如果电机的电流超过变频器额定输出电流的150%[①]以上时，停止频率的上升，直到过负荷电流减少为止，以防止变频器出现过电流断路，当电流降到150%以下后，再增加频率			
	恒速运行时	如果电机的电流超过变频器额定输出电流的150%[①]以上时，降低频率，直到过负荷电流减少为止，以防止变频器出现过电流断路。当电流降到120%以下后，再回到设定频率			
	减速时	如果电机的电流超过变频器额定输出电流的150%[①]以上时，停止频率的下降，直到过负荷电流减少为止，以防止变频器出现过电流断路。当电流降到150%以下后，再下降频率			
检查要点		电机是否在过负荷状态下使用			
处理		• 可以改变加、减速的时间 • 用 Pr.22 的"失速防止动作水平"，提高失速防止的动作水平，或者用 Pr.156 的"失速防止动作选择"，不让失速防止动作			

① 可以任意设定失速防止动作电流。出厂时设定为150%。

表 5-8　过载保护动作后显示的故障代码及处理方法

操作面板显示	E. THM	E.「HΠ	FR-PU04	Motor Overload
名称	电机过负荷断路（电子过流保护）			
内容	过负荷以及定速运行时，由于冷却能力的低下，造成电机过热，变频器的内置电子过流保护检测达到设定值的 85% 时，预报警（显示 TH），达到规定值时，保护回路动作，停止变频器输出。多极电机或两台以上电机运行时，电子过流保护不能保护电机，请在变频器输出侧安装热继电器			
检查要点	电机是否在过负荷状态下使用			
处理	• 减轻负荷 • 恒转矩电机时，把 Pr.71 设定为恒转矩电机			
操作面板显示	E. THT	E.「H「	FR-PU04	Inv. Over load
名称	变频器过负荷断路（电子过流保护）			
内容	如果电流超过额定电流的 150%，而未到过电流切断（200% 以下）时，为保护输出晶体管，用反时限特性，使电子过流保护动作，停止变频器输出 　（过负荷承受能力　150% 60 s）			
检查要点	电机是否在过负荷状态下使用			
处理	减轻负荷			

（5）欠电压保护和瞬间停电再启动功能。

当电网电压过低时，会引起主电路直流电压下降，从而使变频器的输出电压过低并造成电动机输出转矩不足和过热现象。该保护功能动作，使变频器停止输出。当电源出现瞬间停电时，主电路直流电压也将下降，也会出现欠电压现象。为了使系统出现这种情况时仍能继续工作不停车，变频器提供了瞬间停电再启动功能。欠电压保护和瞬间停电保护动作后显示的故障代码、检查要点、处理方法如表 5-9 所示。

（6）过热保护。

变频器正常工作时，其主电路的电流很大，为了帮助变频器散热，变频器内部均装有风扇。如果风扇发生故障，散热片就会过热，此时装在散热片上的热敏继电器将动作，使变频器停止工作或输出报警信号。另外，由于逆变模块是变频器内的主要发热元件，因此一般在逆变模块的散热板上也配置了过热保护，一旦过热就给予过热保护。过热保护动作后显示的故障代码、检查要点、处理方法如表 5-10 所示。

（7）制动电路异常保护。

当变频器检测到制动单元出现异常，就会给出报警信号或停止工作。制动电路异常保护动作后显示的故障代码及处理方法如表 5-11 所示。

（8）变频器内部工作错误保护。

由于变频器所处的环境恶劣，使得变频器的 CPU 或 EEPROM 受外界干扰严重而运行异常，或是检测部分发生错误，变频器也将停止工作。变频器内部工作错误保护动作后显示的故障代码及处理方法如表 5-12 所示。

表 5-9　欠电压保护和瞬间停电保护动作后显示的故障代码及处理方法

操作面板显示	E. UVT	E.UuF	FR - PU04	Under Voltage
名称	欠压保护			
内容	如果变频器的电源电压下降，控制回路可能不能发挥正常功能，或引起电机的转矩不足、发热的增加。为此，当电源电压下降到 300 V 以下时，停止变频器输出 如果 P、P1 之间没有短路片，则欠压保护功能动作			
检查要点	有无大容量的电机启动 P、P1 之间是否接有短路片或直流电抗器			
处理	● 检查电源等电源系统设备 ● 在 P、P1 之间连接短路片或直流电抗器			
操作面板显示	E. IPF	E.IPF	FR - PU04	Inst. Pnr. Loss
名称	瞬时停电保护			
内容	停电超过 15 ms（与变频器输入切断一样）时，为防止控制回路误动作，瞬时停电保护功能动作，停止变频器输出。此时，异常报警输出接点为打开（B - C）和闭合（A - C）。 如果停电持续时间超过 100 ms，报警不输出。如果电源恢复时，启动信号是 ON，变频器将再启动 （如果瞬时停电在 15 ms 以内，变频器仍然运行）			
检查要点	调查瞬时停电发生的原因			
处理	● 修复瞬时停电 ● 准备瞬时停电的备用电源 ● 设定瞬时停电再启动的功能			

表 5-10 过热保护动作后显示的故障代码及处理方法

操作面板显示	E. FIN	E.FIn	FR-PU04	H/S ink 0/Temp
名称	散热片过热			
内容	如果散热片过热，温度传感器动作，使变频器停止输出			
检查要点	• 周围温度是否过高 • 冷却散热片是否堵塞			
处理	周围温度调节到规定范围内			
操作面板显示	E. 0HT	E.OHr	FR-PU04	0H Fault
名称	外部热继电器动作			
内容	为防止电机过热，安装在外部热继电器或电机内部安装的温度继电器动作（接点打开）时，使变频器输出停止。即使继电器接点自动复位，变频器不复位就不能重新启动			
检查要点	• 电机是否过热 • 在 Pr. 180~Pr. 186（输入端子功能选择）中任一个，设定值 7（0H 信号）是否正确设定			
处理	降低负荷和运行频度			

表 5-11 制动电路异常保护动作后显示的故障代码及处理方法

操作面板显示	E. BE	E.bE	FR-PU04	Br. Cot. Fault
名称	制动晶体管异常			
内容	在制动回路发生类似制动晶体管破损时，变频器停止输出，这时，必须立即切断变频器的电源			
检查要点	• 减少负荷 • 制动的使用频率是否合适			
处理	请更换变频器			

表 5-12　变频器内部工作错误保护动作后显示的故障代码及处理方法

操作面板显示	E.6	E.6	FR-PU04	Fault 6
名称	CPU 错误			
内容	如果内置 CPU 周围回路的算术运算在预定时间内没有结束，变频器自检判断异常，变频器停止输出			
检查要点	接口是否太松			
处理	• 牢固地进行连接 • 请与经销店或本社营业所联系			

操作面板显示	E.7	E.7	FR-PU04	Fault 7
名称	CPU 错误			
内容	如果内置 CPU 周围回路的算术运算在预定时间内没有结束，变频器自检判断异常，变频器停止输出			
检查要点	——			
处理	• 牢固地进行连接 • 请与经销店或本社营业所联系			

（9）其他保护功能。

其他保护功能包括：操作面板用电源输出短路、输出欠相、制动开启错误、风扇故障等，这些保护功能动作后显示的故障代码及处理方法如表 5-13 所示。

表 5-13　其他保护功能动作后显示的故障代码及处理方法

操作面板显示	E.CTE	E.CrE	FR-PU04	——
名称	操作面板用电源输出短路			
内容	操作面板用电源（PU 接口的 P5S）短路时，电源输出切断。此时，操作面板（参数单元）的使用，从 PU 接口进行 RS-485 通信都变为不可能。复位的话，请使用端子 RES 输入或电源切断再投入的方法			
检查要点	PU 接口连接线是否短路			
处理	检查 PU，电缆			

续表

操作面板显示	E. LF	*E.LF*	FR – PU04	————
名称	输出欠相保护			
内容	当变频器输出侧（负荷侧）三相（U，V，W）中有一相断开时，变频器停止输出			
检查要点	• 确认接线（电机是否正常） • 与变频器额定电流相比，电机的额定电流是否极其低			
处理	• 正确接线 • 确认 Pr. 251 "输出欠相保护选择"的设定值			
操作面板显示	E. MB1~7	*E.NB1~7*	FR – PU04	————
名称	制动开启错误			
内容	在使用制动开启功能（Pr. 278~Pr. 285）的情况下，出现开启错误时，变频器停止输出			
检查要点	调查异常发生的原因			
处理	确认设定参数，正确接线			
操作面板显示	E. FN	*Fn*	FR – PU04	Fan Failure
名称	风扇故障			
内容	如果变频器内含有一冷却风扇，当冷却风扇由于故障停止或与 Pr. 244 "冷却风扇动作选择"的设定不同运行时，操作面板上显示 FN			
检查要点	冷却风扇是否异常			
处理	更换风扇			

2. 变频器的复位方法

通过执行下列操作中的任何一项可复位变频器。注意复位变频器时，电子过电流保护计算值再试次数被清除。

操作方法一：用操作面板，按【STOP/RESET】键。

操作方法二：重新断电一次，再合闸。

操作方法三：接通复位信号 RES。

5.3.2 变频器的其他故障分析及处理办法

变频器常见的故障类型主要有过电流、短路、接地、过电压、欠电压、电源缺相、过热、过载、CPU 异常、通信异常等。变频器具有较完善的自诊断、保护及报警功能，当发生这些故障时，变频器会立即报警或自动停机保护，并显示故障代码或故障类型，大多数情况下可以根据其显示的信息迅速找到故障原因并排除故障。至于这些故障的检查要点及处理方法上面已经讲得非常清楚，除此之外，变频器有很多故障，操作面板并不显示也不报警。常见的故障现象及检查方法如下。

1. 电机不转

（1）检查主回路。

1）检查使用的电源电压。

2）检查电机是否正确连接。

3）P1、P 间的导体是否脱落。

（2）检查输入信号。

1）检查启动信号是否输入。

2）检查正转、反转启动信号是否输入。

3）检查频率设定信号是否为零。

4）当频率设定信号为 4~20 mA 时，检查 AU 信号是否接通。

5）检查输出停止信号（MRS）或复位信号（RES）是否处于断开状态。

6）当选择瞬时停电后再启动时（Pr.57 = "9999" 以外的值时），检查 CS 信号是否处于接通状态。

（3）检查参数的设定。

1）检查是否选择了反转限制（Pr.78）。

2）检查操作模式选择（Pr.79）是否正确。

3）检查启动频率（Pr.13）是否大于运行频率。

4）检查各种操作功能（如三段速度运行），尤其是上限频率（Pr.1）是否为零。

（4）检查负荷。

1）检查负荷是否太重。

2）检查轴是否被锁定。

（5）其他。

1）检查报警（ALARM）灯是否亮了。

2）检查点动频率（Pr.15）设定值是否低于启动频率（Pr.13）的值。

2. 电机旋转方向相反

1) 检查输出端子 U、V、W 的相序是否正确。

2) 检查启动信号（正转、反转）连接是否正确。

3. 速度与设定值相差很大

1) 检查频率设定信号是否正确（测量输入信号的值）。

2) 检查下列参数设定是否合适（Pr. 1、Pr. 2）。

3) 检查输入信号是否受到外部噪声的干扰（使用屏蔽电缆）。

4) 检查负荷是否过重。

4. 加/减速不平稳

1) 检查加/减速时间设定是否太短。

2) 检查负荷是否过重。

3) 检查转矩提升（Pr. 0）是否设定太大以至于失速防止功能动作。

5. 速度不能增加

1) 检查上限频率（Pr. 1）设置是否正确。

2) 检查负荷是否过重。

3) 检查转矩提升（Pr. 0）是否设定太大以至于失速防止功能动作。

4) 检查制动电阻器的连接是否有错，接到 P、P1 上了。

6. 操作模式不能改变

如果操作模式不能改变，请检查以下项目：

（1）检查外部输入信号。

检查 STF 或 STR 信号是否关断（当 STF 或 STR 信号接通时，不能转换操作模式）。

（2）参数设定。

检查 Pr. 79 的设定。当 Pr. 79 "操作模式选择" 的设定值为 "0"（出厂设定值），接通输入电源的同时变频器为"外部操作模式"，按两次操作面板上的【MODE】键，然后按一次【▲】键，则切换为 "PU 操作模式"。其他设定值（1~5）的情况下，操作模式由各自的内容规定。

7. 电源灯不亮

检查接线和安装是否正确。

8. 参数不能写入

1) 检查是否在运行中（信号 STF、STR 处于接通状态）。

2) 检查是否按下【SET】键持续 1.5 s 以上。

3) 检查是否在设定范围外设定参数。

4) 是否在外部操作模式时设定参数。

5) 确认 Pr. 77 的 "参数禁止选择"。

5.3.3 维护和检查的注意事项

切断电源后,因变频器额定运行时,其直流侧滤波电容储存了大量的电能。当进行检查时,停机后须待电解电容的电压放电降低后,方可开柜进行检查。

1. 日常和定期检查

(1) 日常检查主要项目。

1) 电机运行是否异常。
2) 安装环境是否异常。
3) 冷却系统是否异常。
4) 是否有异常振动音。
5) 是否出现过热变色。
6) 用万用表测量运行中的变频器的输入电压是否正常。
7) 检查变频器是否处于清洁状态。如不清洁,请用柔软布料浸入中性清洁剂轻轻地擦去变脏的地方。

(2) 定期检查主要项目。

1) 冷却系统:请清扫空气过滤器等。
2) 螺钉和螺栓:这些部位由于振动、温度的变化等造成松动,检查它们是否可靠拧紧。
3) 导体和绝缘物质:检查是否被腐蚀和损坏。
4) 用兆欧表测量绝缘电阻。
5) 检查、更换冷却风扇、继电器等。

(3) 日常、定期检查方法和使用工具。

见表 5-14。

表 5-14 日常、定期检查方法和使用工具

检查位置	检查项目	检查事项	检查周期			检查方法	判定标准	使用工具
			日常	定期				
				1年	2年			
一般	周围环境	周围温度、湿度、灰尘污垢等	○			利用视觉和听觉检查	周围温度:-10℃至50℃,不冰冻 周围湿度:90%以下,不结露	温度计,湿度计,记录仪
	全部装置	检查是否有不正常的振动和噪声	○			利用视觉和听觉检查	没有异常	

续表

检查位置	检查项目	检查事项	检查周期			检查方法	判定标准	使用工具
			日常	定期				
				1年	2年			
一般	电源电压	检查主回路电压是否正常	○			测量变频器R-S-T端子之间的电压	在允许电压波动范围以内	万用表、数字式多用仪表
主回路	一般	(1) 用兆欧表检查（主回路端子和接地端子之间） (2) 检查螺钉是否松动 (3) 检查各元件是否过热 (4) 清洁		○ ○ ○ ○	○	(1) 拆下变频器接线，将端子,R,S,T,U,V,W一起短路,用兆欧表测量它与接地端子间的电阻 (2) 加强紧固件 (3) 用眼观察	(1) 5 MΩ以上 (2)、(3) 没有异常	500VDC兆欧表
	连接导体电缆	(1) 导体是否歪斜 (2) 导线外层是否破损		○ ○		(1)、(2) 用眼观察	(1)、(2) 没有异常	
	端子排	是否损伤		○		用眼观察	没有异常	
	逆变模块,整流模块	检查端子间电阻		○		拆下变频器接线,在端子R,S,T↔P,N和U,V,W↔P,N间用万用表×100Ω挡测量		指针式万用表
	继电器	(1) 检查运行时是否有"卡嗒"声响 (2) 检查触点表面是否粗糙		○ ○		(1) 用听觉检查 (2) 用眼观察	(1) 没有异常 (2) 没有异常	
	电阻	(1) 检查电阻绝缘是否有裂缝 (2) 是否有断线		○ ○		(1) 用眼观察,水泥、电阻、绕线电阻 (2) 拆下连接的一侧,用万用表测量	(1) 没有异常 (2) 误差在标称阻值±10%以内	万用表、数字式多用仪表

续表

检查位置	检查项目	检查事项	检查周期 日常	检查周期 定期 1年	检查周期 定期 2年	检查方法	判定标准	使用工具
控制回路保护电路	动作检查	（1）变频器单独运行时，各相输出电压是否平衡 （2）进行顺序保护动作试验，显示保护回路是否异常		○ ○		（1）测量变频器输出侧端子U-V-W间的电压 （2）模拟地将变频器的保护回路输出短路或断开	（1）相间电压平衡400 V在8 V以内 （2）程序上应有异常动作	数字式多用仪表，整流型电压表
冷却系统	冷却风扇	（1）是否有异常振动和噪声 （2）连接部件是否有松动	○ ○			（1）在不通电时，用手拨动旋转 （2）加强固定	没有异常震动及异常噪声	
显示	显示	（1）LED的显示是否有断点 （2）清洁	○ ○			（1）指示灯是指盘面上的指示灯 （2）用碎棉纱清扫	确认其能发光	
显示	仪表	检查读出值是否正常	○			确认盘面指示仪表的值	满足规定值和管理值	电压表、电流表等
电机	常规	（1）检查是否有异常振动和噪声 （2）检查是否有异味	○ ○			（1）用听觉、感觉、视觉 （2）由于过热，损伤产生的异味	（1）、（2）没有异常	
电机	绝缘电阻	用兆欧表检查（所有端子和接地端子之间）		○		拆下U、V、W的连接线，包括电机接线	5 MΩ以上	500 V兆欧表

2. 定期需要更换的变频器零件

变频器的一些零件，由于其组成物理特性的原因在一定的时期内会发生老化，因而会降低变频器的性能，甚至会引起故障。因此，为了预防和维护，必须要定期进行更换。需要更换的零件如表5-15所示。

表 5-15　变频器更换的零件

零件名称	标准更换周期	说　　明
冷却风扇	2~3 年	更换（检查后决定）
主回路平波电容	10 年	更换（检查后决定）
控制回路平波电容	10 年	更换底板（检查后决定）
继电器	—	检查后决定

(1) 冷却风扇的拆卸方法。

1) 拆卸方法如图 5-18 所示。

① 向上推拉手并卸下风扇盖。

② 拆下风扇连线。

③ 卸下风扇。

2) 安装。

① 确认风扇旋转方向，安装风扇时使"AIR FLOW"左侧的箭头朝上，如图 5-19 所示。

图 5-18　冷却风扇的拆卸示意图

图 5-19　风扇侧面

② 连接上风扇连接线。

③ 重新安装风扇盖。

(2) 平波电容的检查方法。
1) 外壳的侧面、底面是否膨胀。
2) 封口板是否有显眼的弯曲和极端的裂痕。
3) 外观是否变色和漏出液体。
4) 电容的容量是否已经下降到 85% 额定容量以下。
(3) 继电器的检查方法。
因为会发生接触不良，所以达到规定的开关次数时就需要更换。

思考与练习

1. 常见的负载有哪几种类型？
2. 简述变频器类型、容量的选择方法。
3. 电抗器的作用是什么？
4. 滤波器的作用是什么？
5. 变频器长期运行时所需的环境条件是什么？
6. 变频器接线时应注意什么事项？
7. 简述变频器的抗干扰措施。
8. 变频器常见的保护功能有哪些？
9. 简述变频器保护功能动作以外的常见故障现象检查方法。
10. 简述变频器的日常维护项目。
11. 简述变频器的定期维护项目。
12. 简述变频器的定期更换零件。

模块 6

变频器在工业上的应用

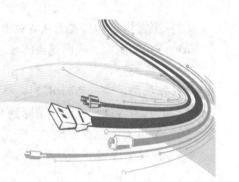

变频调速技术是 20 世纪 80 年代发展起来的新技术,具有节能、易操作、便于维护、控制精度高等优点,近年来在多个领域得到了广泛应用,本模块将列举几个应用实例,介绍工业上如何应用变频器来实现上述目的,具体项目架构见表 6-1。

表 6-1 模块 6 的项目架构

项目编号	名 称	目 标
1	变频器在风机上的应用	掌握根据负载特性选择变频器的类型、容量、配件的方法;了解风机应用变频器的目的,掌握风机用变频器的选择、控制电路设计和调试方法
2	变频器在供水系统节能中的应用	掌握恒压供水系统应用变频器的工作原理;掌握应用变频器进行恒压供水系统设计方法
3	变频器在机床改造中的应用	掌握普通车床的变频调速改造的步骤;掌握龙门刨床的刨台主运动变频调速改造的方法;掌握龙门刨床的刨台刀架运动变频调速改造的方法
4	变频器在中央空调节能改造中的应用	了解中央空调应用变频器的目的;会对变频器调速进行节能分析;掌握变频器的容量计算方法;掌握中央空调变频调速控制系统的调试方法

项目 6.1 变频器在风机上的应用

项目目标

1. 了解风机应用变频器的目的。
2. 会对变频器调速进行节能分析。

3. 掌握变频器的容量计算方法。
4. 掌握风机变频调速控制系统的调试方法。

相关知识

1. 风机应用变频器的目的

在工、矿企业中,风机设备应用广泛,诸如锅炉燃烧系统、通风系统和烘干系统等。传统的风机控制是全速运转,即不论生产工艺的需求大小,风机都提供出固定数值的风量,而生产工艺往往需要对炉膛压力、风速、风量及温度等指标进行控制和调节,最常用的方法则是调节风门或挡板开度的大小来调整受控对象,这样,就使得能量以风门、挡板的节流损失消耗掉。统计资料显示,在工业生产中,风机的风门、挡板相关设备的节流损失以及维护、维修费用占到生产成本的7%~25%。这不仅造成大量的能源浪费和设备损耗,而且控制精度受到限制,直接影响产品质量和生产效率。

由于风机属于二次方律负载,消耗的电功率与风机转速的3次方成比例,由此,当风机所需风量减小时,可以使用变频器降低风机转速的方法取代风门、挡板控制方案,所消耗的功率要小得多,从而降低电动机功率损耗,达到节能的目的。下面以一个实例说明应用变频器的节能效果。

一台工业锅炉使用的22 kW 鼓风机,一天连续运行24 h,其中每天10 h 运行在90%负荷(频率按46 Hz 计算,挡板调节时电动机功率损耗按98%计算),14 h 运行在50%负荷(频率按20 Hz 计算,挡板调节时电动机功率损耗按70%计算);全年运行时间以300天计算。

应用变频调速时每年消耗的电量为

$$W_{b1} = 22 \times 10 \times [1 - (46/50)^3] \times 300 \text{ kW} \cdot \text{h} = 14\,606 \text{ kW} \cdot \text{h}$$
$$W_{b2} = 22 \times 14 \times [1 - (20/50)^3] \times 300 \text{ kW} \cdot \text{h} = 86\,447 \text{ kW} \cdot \text{h}$$
$$W_b = W_{b1} + W_{b2} = (14\,606 + 86\,447) \text{ kW} \cdot \text{h} = 101\,053 \text{ kW} \cdot \text{h}$$

应用挡板调节开度时每年消耗的电量为

$$W_{d1} = 22 \times (1 - 98\%) \times 10 \times 300 \text{ kW} \cdot \text{h} = 1\,314 \text{ kW} \cdot \text{h}$$
$$W_{d2} = 22 \times (1 - 70\%) \times 14 \times 300 \text{ kW} \cdot \text{h} = 27\,594 \text{ kW} \cdot \text{h}$$
$$W_d = W_{d1} + W_{d2} = (1\,314 + 27\,594) \text{ kW} \cdot \text{h} = 28\,908 \text{ kW} \cdot \text{h}$$

相比较节电量为 $\Delta W = W_b - W_d = (101\,053 - 28\,908) \text{ kW} \cdot \text{h} = 72\,145 \text{ kW} \cdot \text{h}$

每1 kW·h 电按0.6元计算,则采用变频调速每年可节约电费43 287元。所以推广风机的变频调速,具有十分重要的意义。

2. 风机应用变频器的选择

(1) 变频器容量的选择。

变频器容量的选择一般根据用户电动机功率通过计算来选择。计算方法如下:

$$变频器额定输出电流 \geq 1.1 \times 电动机额定电流$$

由于风机、水泵在某一转速运行时，其阻转矩一般不会发生变化，只要转速不超过额定值，电动机就不会过载，因此，变频器的额定电流只要选择公式计算的最小值。

(2) 变频器类型的选择。

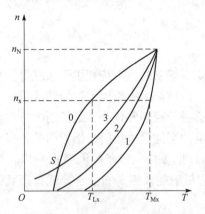

图 6-1 风机的机械特性和有效转矩线

风机、水泵属于二次方律负载，在低速时，阻转矩很小，不存在低频时能否带动的问题，故采用 U/f 控制方式已经足够，并且从节能的角度，U/f 线可选最低的。多数生产厂都生产了比较低廉的专用于风机、水泵的变频器，可以选用。

为什么 U/f 线可选最低的？现说明如下。如图 6-1 所示，曲线 0 是风机二次方律机械特性曲线；曲线 1 为电动机在 U/f 控制方式下转矩补偿为 0 时的有效负载线。当转速为 n_x 时，对应于曲线 0 的负载转矩为 T_{Lx}；对应于曲线 1 的有效转矩为 T_{Mx}。因此，在低频运行时，电动机的转矩与负载转矩相比具有较大的裕量。为了节能，变频器设置了若干低减 U/f 线，其有效转矩线如图 6-1 中的曲线 2 和曲线 3 所示。

在选择低减 U/f 线时，有时会发生难以启动的问题，如图 6-1 中的曲线 0 和曲线 3 相交于 S 点。显然，在 S 点以下，电动机是难以启动的。为此，可采取以下措施：

1) 选择另一低减 U/f 线，如曲线 2。

2) 适当加大启动频率。

在设置变频器的参数时，一定要看清变频器说明书上注明的 U/f 线在出厂时默认的补偿量，一般变频器出厂时设置转矩补偿 U/f 线，即频率 $f_x = 0$ 时，补偿电压 U_x 为一定值，以适应低速时需要较大转矩的负载。但这种设置不适宜风机负载，因为风机低速时阻转矩很小，即使不补偿，电动机输出的电磁转矩都足以带动负载。为了节能，风机应采用负补偿的 U/f 线，这种曲线是在低速时有效转矩线减少电压 U_x，因此，也叫低减 U/f 线。如果用户对变频器出厂时设置的转矩补偿 U/f 线不加改变，就直接接上风机运行，节能效果就比较差了，甚至在个别情况下，还可能出现低频运行时因励磁电流过大而跳闸的现象。当然，若变频器有"自动节能"的功能设置，直接选取即可。

(3) 变频器的参数预置。

1) 上限频率。因为风机的机械特性具有二次方律特性，所以，当转速超过额定转速时，阻转矩将增大很多，容易使电动机和变频器处于过载状态，因此，上限频率 f_H 不应超过额定频率 f_N。

2) 下限频率。从特性或工作状况来说，风机对下限频率 f_L 没有要求，但转速太低时，风量太小，在多数情况下无实际意义。一般可预置为 $f_L \geq 20\text{Hz}$。

3) 加、减速时间。由于风机的惯性很大，加速时间过短，容易产生过电流；减速时间过短，容易引起过电压。一般风机启动和停止的次数很少，启动和停止时间不会影响正常生产。所以加、减速时间可以设置长些，具体时间可根据风机的容量大小而定。通常是风机容量越大，加、减速时间设置越长。

4）加、减速方式。风机在低速时阻转矩很小，随着转速的增高，阻转矩增大得很快；反之，在停机开始时，由于惯性的原因，转速下降较慢。所以，加、减速方式以半 S 方式比较适宜。

5）回避频率。风机在较高速运行时，由于阻转矩较大，容易在某一转速下发生机械谐振。遇到机械谐振时，极易造成机械事故或设备损坏，因此必须考虑设置回避频率。可采用试验的方法进行预置，即反复缓慢地在设定的频率范围内进行调节，观察产生谐振的频率范围，然后进行回避频率设置。

6）启动前的直流制动。为保证电动机在零速状态下启动，许多变频器具有"启动前的直流制动"功能设置。这是因为风机在停机后，其风叶常常因自然风而处于反转状态，这时让风机启动，则电动机处于反接制动状态，会产生很大的冲击电流。为避免此类情况出现，要进行"启动前的直流制动"功能设置。

3. 风机应用变频器的控制电路

一般情况下，风机采用正转控制，所以线路比较简单。但考虑到变频器一旦发生故障，也不能让风机停止工作，应具有将风机由变频运行切换为工频运行的控制。

图 6-2 所示为风机变频调速系统的电路原理。

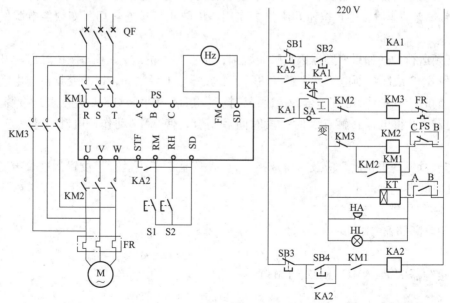

图 6-2 风机变频调速系统的电路原理

风机变频调速系统的电路原理说明如下：

(1) 主电路。

三相工频电源通过空气断路器 QF 接入，接触器 KM1 用于将电源接至变频器的输入端 R、S、T；接触器 KM2 用于将变频器的输出端 U、V、W 接至电动机；接触器 KM3 用于将工频电源直接接至电动机。注意接触器 KM2 和 KM3 绝对不允许同时接通，否则会造成损坏变频器的后果，因此，接触器 KM2 和 KM3 之间必须有可靠的互锁。热继电器 KR 用于工频运行时的过载保护。

(2) 控制电路。

为便于对风机进行"变频运行"和"工频运行"的切换，控制电路采用三位开关 SA 进行选择。

当 SA 合至"工频运行"位置时，按下启动按钮 SB2，中间继电器 KA1 动作并自锁，进而使接触器 KM3 动作，电动机进入工频运行状态。按下停止按钮 SB1，中间继电器 KA1 和接触器 KM3 均断电，电动机停止运行。

当 SA 合至"变频运行"位置时，按下启动按钮 SB2，中间继电器 KA1 动作并自锁，进而使接触器 KM2 动作，将电动机接至变频器的输出端。接触器 KM2 动作后使接触器 KM1 也动作，将工频电源接至变频器的输入端，并允许电动机启动。同时使连接到接触器 KM3 线圈控制电路中的接触器 KM2 的常闭触点断开，确保接触器 KM3 不能接通。

按下按钮 SB4，中间继电器 KA2 动作，电动机开始加速，进入"变频运行"状态。中间继电器 KA2 动作后，停止按钮 SB1 失去作用，以防止直接通过切断变频器电源使电动机停机。

在变频运行中，如果变频器因故障而跳闸，则变频器的"B-C"保护触点断开，接触器 KM1 和 KM2 线圈均断电，其主触点切断了变频器与电源之间，以及变频器与电动机之间的连接。同时"B-A"触点闭合，接通报警扬声器 HA 和报警灯 HL 进行声光报警。同时，时间继电器 KT 得电，其触点延时一段时间后闭合，使 KM3 动作，电动机进入工频运行状态。

操作人员发现报警后，应及时将选择开关 SA 旋至"工频运行"位置，这时声光报警停止，并使时间继电器断电。

(3) 主要电器的选择。

1) 空气断路器 QF：

$$I_{QFN} = (1.3 \sim 1.4)I_N$$

2) 接触器 KM（KM1、KM2、KM3）：

$$I_{KN} \geq I_N$$

式中 I_N——风机额定电流，A。

技能训练

1. 锅炉用风机系统的变频调速控制

一台工业锅炉使用的 22 kW 风机,一天连续运行 24 h,其中 10 h 运行频率为 46 Hz;14 h 运行频率为 20 Hz。运行曲线如图 6-3 所示。试用变频器实现上述目的。

按图 6-2 所示连接控制电路。

主要器件的选择如下:

1) 变频器的选择。电动机额定功率为 22 kW,额定电流为 44.6 A。

变频器额定输出电流 ≥ 电动机额定电流 × 1.1 = 49.06 A

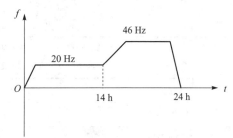

图 6-3 鼓风机的运行曲线

变频器应选择额定输出电流为 49.06 A,所以变频器选择 FR-A540-22K-CH,其额定容量为 32.8 kV·A,其额定输出电流为 43 A,能满足电动机的控制要求。

2) 主要器件的选择。主电路及控制电路中各元件的型号规格分别见表 6-2、表 6-3。

表 6-2 主电路及控制电路中各元器件型号规格及参数

名称	器件选择要求	型号规格及参数	说明
三相交流电源	电源容量是负载的 1.2~1.5 倍	$(1.2 \sim 1.5)P_N$	P_N 负载的额定功率
输入侧电缆	导线安全载流量应不小于负载电流	PVC 绝缘铜电缆 BV-500 $3 \times 25 + 1 \times 16$ mm²	
自动空气开关	$I_{QFN} = (1.3-1.4)I_N$ $= (1.3-1.4) \times 43$ $= 55.9 \sim 60.2$ A 选 $I_{QFN} = 63$ A	DZ20-100/63 A	I_{QFN}—空气断路器的额定电流 I_N—变频器的额定电流
交流接触器	$I_{KN} \geq I_N$ $I_{KN} = 50$ A	CJ20-63 220 V 63 A	I_{KN}—主触头的额定电流
输出侧电缆	导线安全载流量应大于负载电流 接地线应尽量用粗的,线路越短越好	PVC 绝缘铜电缆 BV-500 $3 \times 25 + 1 \times 16$ mm²	按公式 $\Delta U = 3I_{MN}R_oL/1\,000$ 计算,I_{MN}—电机额定电流,A;L—导线长度,m;R_O—单位导线的电阻,Ωm

续表

名称	器件选择要求	型号规格及参数	说明
交流电动机	满足设备负载要求	型号：Y-200L2-6 电压 380 V、电流 44.6 A 功率 22 kW、频率 50 Hz 转速 980 r/min	

表 6-3 主电路及控制电路中各元器件型号规格

名称	型号规格	数量
信号灯	AD1-220 V	3
蜂鸣器	AG16-22SM/220 V	1
中间继电器	SQX-10F-33/220 V	2
按钮	LA19-11	4
三位开关	XB2-BD33C	1
多股线	RV-500	若干
I/O 线	0.1 mm^2 RVVP 多股屏蔽线	若干
接地线	2.5 mm^2	若干

3）合上空气短路器 QF，接通变频器电源。
4）在面板操作模式下，按表 6-4 所示设置运行参数。

表 6-4 运行参数表

功能参数	名称	设定值	单位	备注
Pr.0	转矩补偿	3%		基底频率电压
Pr.1	上限频率	49.5	Hz	
Pr.2	下限频率	20	Hz	
Pr.3	基底频率	50	Hz	
Pr.4	RH 端子对应频率	46	Hz	
Pr.5	RM 端子对应频率	20	Hz	
Pr.7	加速时间	30	s	

续表

功能参数	名 称	设定值	单位	备注
Pr. 8	减速时间	60	s	
Pr. 9	电动机额定电流	44.6	A	50 Hz
Pr. 14	适用负荷选择	1		变转矩负载
Pr. 19	基底频率电压	380	V	
Pr. 59	遥控频率记忆			
Pr. 71	恒转矩电动机△接法	18		
Pr. 79	外部控制模式	2		
Pr. 181	减速	1		
Pr. 158	加速	2		

5) 按原理图说明进行操作。

2. 利用变频器对车间用鼓风机进行程控变频调速改造

一台车间用 30 kW 风机，要求利用变频器程控调速实现一年四季车间通风换气、降温除湿、自动保持温度与湿度恒定的目的。改造的步骤如下：

(1) 查询有关资料。

根据未改造前的相关记录，统计全年运行时间。每月运行 30 天，每天按 24 h 计算，全年总运行时间为 8 640 h。其中，夏季高温期为 4 个月（6~9 月），累计时间为 $T_1 = 2\,880$ h；春、秋、冬季中低温期为 8 个月（1~5 月、10~12 月），累计时间为 $T_2 = 5\,760$ h。在夏季高温期，每天的 10 时至 18 时时段是室外温度最高时间，而每天的 22 时至次日 7 时时段是当日温度最低时间，其余时段为当日平均温度时间。因此，变频器对风机控制的频率只有根据不同时段的温度差异来设定，才能使车间室内温度保持相对恒定。

(2) 测定运行频率。

经过测定后，鼓风机的运行频率如表 6-5 所示。

表 6-5 鼓风机的计算运行频率

季 节	时间段	运行频率
夏季高温期	10 时至 18 时	48 Hz
	22 时至次日 7 时	35~38 Hz
	其余时段	43 Hz

续表

季 节	时间段	运行频率
春、秋、冬季低温期	10 时至 18 时	28 Hz
	22 时至次日 7 时	15～18 Hz
	其余时段	23 Hz

根据表 6-5 所示的数据绘制的鼓风机在不同季节的运行曲线如图 6-4、图 6-5 所示。

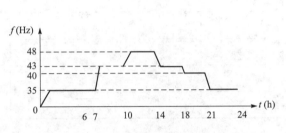
图 6-4 夏季高温季节鼓风机运行曲线

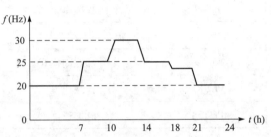
图 6-5 春、秋、冬季低温季节鼓风机运行曲线

(3) 节能分析。

鼓风机全年总运行时间为 8 640 h，其中高温期为 4 个月，累计时间为 $T_1 = 2\,880$ h，综合运行频率为 43 Hz；春、秋、冬季中低温期为 8 个月，累计时间为 $T_2 = 5\,760$ h，综合运行频率为 23 Hz。

改造前不论何种季节鼓风机以工频运行，全年消费电量为：
$$W_g = 30 \times 8\,640\ \text{kW}\cdot\text{h} = 259\,200\ \text{kW}\cdot\text{h}$$

改造后全年消费电量为：

高温期 $W_{b1} = 30 \times 2\,880 \times [1-(43/50)^3]\ \text{kW}\cdot\text{h} = 31\,444\ \text{kW}\cdot\text{h}$

低温期 $W_{b2} = 30 \times 5\,760 \times [1-(23/50)^3] \times 300\ \text{kW}\cdot\text{h} = 155\,980\ \text{kW}\cdot\text{h}$

全年 $W_b = W_{b1} + W_{b2} = (31\,444 + 155\,980)\ \text{kW}\cdot\text{h} = 187\,424\ \text{kW}\cdot\text{h}$

改造前后的节电量：
$$\Delta W = W_g - W_b = 259\,200 - 187\,424 = 71\,776\ (\text{kW}\cdot\text{h})$$

若取电价为每 1 kW·h 电 0.6 元计算，则采用变频调速每年可节约电费 43 065 元。

(4) 控制电路。

保持原电气柜鼓风机工频运行的电路，增加变频器调速控制电路，控制电路如图 6-6 所示。

1) 变频器的选择。电动机额定功率为 30 kW，额定电流为 60.8 A。

变频器额定输出电流≥电动机额定电流×1.1 = 66.9 A

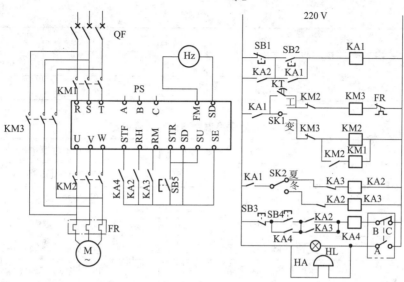

图6-6 鼓风机变频器调速控制电路

变频器应选择额定输出电流为 66.9 A,所以变频器选择 FR-A540-22K-CH,其额定容量为 43.4 kVA,其额定输出电流为 57 A,能满足电动机的控制要求。

2)主要元器件参照技能训练1计算。

(5)运行参数。

基本参数设定见表6-6。根据图6-4、图6-5所示的运行曲线的夏季高温季节和春、秋、冬季低温季节运行参数见表6-7和表6-8。

表6-6 基本参数设定

功能参数	名　　称	设定值	单位	备注
Pr.1	上限频率	49.5	Hz	
Pr.2	下限频率	0	Hz	
Pr.3	基底频率	50	Hz	
Pr.7	加速时间	20	s	
Pr.8	减速时间	30	s	
Pr.20	加、减速参考频率	50	Hz	
Pr.76	程序运行时间到输出	3		
Pr.79	程序运行模式	5		

续表

功能参数	名　称	设定值	单位	备注
Pr. 200	运行时间单位	3		以几小时几分为单位
Pr. 231	现场基准时间			

表 6-7　夏季高温季节运行参数设定

序号	运　行	参数设定值
1	正转　35　0点正	Pr. 201 = 1　35　0:00
2	正转　43　7点正	Pr. 202 = 1　43　7:00
3	正转　48　10点正	Pr. 203 = 1　48　10:00
4	正转　43　14点正	Pr. 204 = 1　43　14:00
5	正转　40　18点正	Pr. 205 = 1　40　18:00
6	正转　35　21点正	Pr. 206 = 1　35　21:00

表 6-8　春、秋、冬季中低温季节运行参数设定

序号	运　行	参数设定值
1	正转　18　0点正	Pr. 201 = 1　18　0:00
2	正转　23　7点正	Pr. 202 = 1　23　7:00
3	正转　28　10点正	Pr. 203 = 1　28　10:00
4	正转　23　14点正	Pr. 204 = 1　23　14:00
5	正转　21　18点正	Pr. 205 = 1　21　18:00
6	正转　18　21点正	Pr. 206 = 1　18　21:00

(6) 调试步骤。

1) 将拨动开关 SK1 选择在"变频运行"模式。
2) 将拨动开关 SK2 选择在"夏季高温季节运行"模式。
3) 按下按钮 SB2，变频器接通电源。
4) 按下按钮 SB5，变频器运行在单组重复状态。
5) 按下按钮 SB4，变频器按照表 6-7 所设定的程序运行。
6) 将拨动开关 SK2 切换到"春、秋、冬季中低温季节"模式。
7) 重复步骤 3) ~ 6)，变频器按照表 6-8 所设定的程序运行。
8) 按下按钮 SB1，停止运行。

3. 训练评估

训练评估表如表 6-9 所示。

表 6-9 训练评估表

训练内容	配　分	扣分标准	得分
锅炉使用风机系统的变频调速控制	20 分	电路接线 5 分	
		参数设定 5 分	
		调试运行 10 分	
利用变频器对车间用鼓风机进行程控变频调速改造	30 分	分析设计 5 分	
		电路接线 5 分	
		参数设定 5 分	
		调试运行 15 分	
安全生产	10 分	不合格不得分	
合　　计			

课后练习

1. 某鼓风机,原来用风门控制其风量。所需风量约为最大风量的 80%,试分析其节能效果。

2. 简述风机变频调速改造的步骤。

3. 若采用可编程控制器(PLC)代替图 6-6 所示电路的继电控制电路部分,要求不变。试设计有关控制电路,画出相应的梯形程序图,进行安装调试。

4. 某厂锅炉房的风机,进行变频调速改造,控制室在楼上,要求既能在控制室对风机进行控制,也能在楼下的现场进行转速控制。试设计其控制电路。

项目 6.2　变频器在供水系统节能中的应用

项目目标

1. 了解供水系统应用变频器的目的。
2. 掌握恒压供水系统应用变频器的工作原理。
3. 掌握应用变频器进行恒压供水系统设计方法。

相关知识

1. 供水系统应用变频器的目的

城市自来水管网的水压一般规定保证 6 层以下楼房的用水,其余上部各层均须"提升"水压才能满足用水要求。以前大多采用水塔、高位水箱,或气压罐增压设备,但它们不论实际用水量的多少,水泵都全速运转,提供固定数值的流量,其基本模型如图 6-7 所示。图中,流量是泵在单位时间内所抽送液体的数量,用 Q 表示,其单位是 m^3/h。实际扬程是指通过水泵实际提高水位所需的能量,用 H_A 表示。其结果在用水量较小时,水泵的功率有很大一部分被白白浪费掉了。

由于水泵也属于二次方律负载,消耗的电功率与水泵转速的 3 次方成比例,如果能够控制水泵的转速按照用

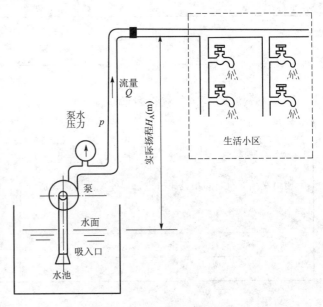

图 6-7 水泵供水的基本模型

水量的多少而变化,而确保供水压力不变时,这样既不影响用水的需要,又能起到节能的效果。因此,通过应用变频器根据水压的大小自动对水泵进行变频调速可以实现上述目标,即恒压供水。

下面以一个实例,比较应用变频器前后的水泵供水的节能效果。

某供水系统应用 3 台 7.5 kW 的水泵电动机,假设每天运行 16 h,应用变频器前 16 h 全部以额定转速运行;应用变频器后,其中 4 h 为额定转速运行,其余 12 h 为 80% 额定转速运行,一年 365 天。

从流体力学原理知道,水泵供水流量与电动机转速及功率的关系如下:

$$\frac{Q_1}{Q_2} = \frac{n_1}{n_2}$$

$$\frac{H_1}{H_2} = \left(\frac{n_1}{n_2}\right)^2$$

$$\frac{P_1}{P_2} = \left(\frac{n_1}{n_2}\right)^3$$

式中　Q——供水流量;

H——扬程；

P——电动机功率；

n——电动机转速。

应用变频器前、后节约的电能为

$$\Delta W = 7.5 \times 12 \times [1 - (80/100)^3] \times 365 \text{ kW} \cdot \text{h} = 16\ 031 \text{ kW} \cdot \text{h}$$

若每 1 kW·h 电价为 0.6 元，一年可节约电费为

$$0.6 \text{ 元} \times 16\ 031 = 9\ 618.6 \text{ 元}$$

通过上述分析可见，对传统供水系统进行改造，按现在的市场价格，一年即可收回投资，运行多年经济效益将十分可观。

传统供水系统采用变频器后，彻底取消了高位水箱、水池、水塔和气压罐供水等传统的供水方式，消除水质的二次污染，提高了供水质量，并且具有节省能源、操作方便、自动化程度高等优点；其次，供水调峰能力明显提高；同时大大减少了开泵、切换和停泵次数，减少对设备的冲击，延长使用寿命。与其他供水系统相比，节能效果达 20% ~ 40%。该系统可根据用户需要任意设定供水压力及供水时间，无需专人值守，且具有故障自动诊断报警功能。由于无需高位水箱、压力罐，节约了大量钢材及其他建筑材料，大大降低了投资。该系统既可用于生产、生活用水，也可用于热水供应、恒压喷淋等系统。因此这一改造具有广阔的应用前景。

2. 恒压供水系统应用变频器的工作原理

（1）恒压供水系统的组成方框图。

恒压供水系统的组成方框图如图 6-8 所示。它由变频器、水泵、电动机、压力传感器 SP 组成。

由图可知变频器有两个控制信号：目标信号和反馈信号。

1）目标信号 X_T，即变频器 2 端上得到的信号，该信号是一个与压力的控制目标相对应的值，通常用百分数表示，目标信号也可以通过键盘给定，而不必通过外接电路来给定。

2）反馈信号 X_F，即变频器 4 端上得到的信号，是压力传感器 SP 反馈回来的信号，该信号是一个反映实际压力的电压或电流信号。当距离较远时，应取电流信号以消除因线路压降而引起的误差。通常取 4~20 mA，以利于区别零信号（信号系统工作正常，信号值为零）和无信号（信号系统因断路或未工作而没有信号）。压力传感器一般放在离水泵出水口较远的地方，否则容易引起系统振荡。

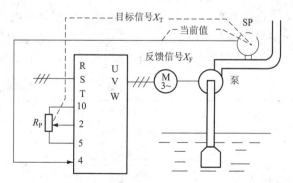

图 6-8 恒压供水系统的组成方框图

为保证供水流量需求,管网通常采用多台水泵联合供水。为节约设备投资,往往只用一台变频器控制多台水泵协调工作。因此现在的供水专用变频器几乎都是将普通变频器与 PID 调节器以及 PLC 集成在一起,组成供水管控一体化系统,只需加一只压力传感器,即可方便地组成供水闭环控制系统。传感器反馈的压力信号直接送入变频器自带的 PID 调节器输入口;而压力设定既可使用变频器的键盘设定,也可采用一只电位器以模拟量的形式送入。既可每日设定多段压力运行,以适应供水压力的需要,也可设定指定日供水压力。面板可以直接显示压力反馈值。

(2) 恒压供水系统的工作过程。

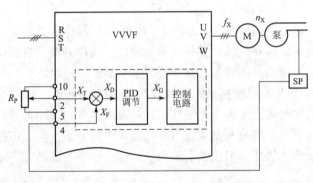

图 6-9 变频器内部控制框图

变频器一般都具有 PID 调节功能,其内部框图如图 6-9 中的虚线框所示。由图 6-9 可知,X_T 和 X_F 两者是相减的,其合成信号 $X_D = (X_T - X_F)$ 经过 PID 调节处理后得到频率给定信号,决定变频器频率 f_X。

当水流量减小时,供水能力 Q_G 大于用水量 Q_U,则压力上升 $X_F \uparrow \rightarrow$ 合成信号 $X_D \downarrow \rightarrow$ 变频器输出 $f_X \downarrow \rightarrow$ 电动机转速 $n_X \downarrow \rightarrow$ 供水能力 $Q_G \downarrow \rightarrow$ 直至压力回复到目标值,供水能力与用水量重新达到平衡($Q_G = Q_U$)为止。反之,当水流量增加时,供水能力 Q_G 小于用水量 Q_U,则压力上升 $X_F \uparrow \rightarrow$ 合成信号 $X_D \downarrow \rightarrow$ 变频器输出 $f_X \uparrow \rightarrow$ 电动机转速 $n_X \uparrow \rightarrow$ 供水能力 $Q_G = Q_U$ 又达到新的平衡。

3. 应用变频器的恒压供水系统设计

(1) 设备选择原则。

做供水系统设计时,应先选择水泵和电动机,选择依据是供水规模(供水流量)。而供水规模和住宅类型及用户数有关。现将有关选择依据原则使用表格示例如下。

1) 不同住宅类型的用水标准,见表 6-10。

表 6-10 不同住宅类型的用水标准

住宅类型	给水卫生器具完善程度	用水标准/(m³/人日)	小时变化系数
1	仅有给水龙头	0.04~0.08	2.5~2.0
2	有给水卫生器具,但无淋浴设备	0.085~0.13	2.5~2.0
3	有给水卫生器具,并有淋浴设备	0.13~0.19	2.5~1.8
4	有给水卫生器具,并无淋浴设备和集中热水供应	0.17~0.25	2.0~1.6

2) 供水规模换算表,见表 6-11。表中左列为户数,上面一行为用水标准(m³/人日),中间数据为用水规模(m³/h)。

表 6-11 供水规模换算表

户数	用水标准/(m³/人日)			
	0.10	0.15	0.20	0.25
20	1.80	2.60	3.50	4.40
30	2.6	3.90	5.30	6.60
40	3.50	5.30	7.00	8.80
55	4.80	7.20	9.60	12.00
75	6.60	9.80	13.10	16.40
100	8.80	13.10	17.50	21.90
150	13.10	19.70	26.30	32.80
200	17.60	26.30	35.00	43.80
250	21.90	32.80	43.80	54.70
350	26.30	39.40	52.50	65.60
400	35.00	52.50	70.00	87.50
450	39.40	59.00	78.70	98.40
500	43.80	65.60	87.50	109.40
600	52.50	78.80	105.00	131.30
700	61.30	91.90	122.50	153.10
800	70.00	105.00	140.00	175.00
1 000	87.50	131.30	175.00	218.80

3) 根据供水量和供水高度确定水泵型号及台数,并对电动机和变频器进行选型,见表 6-12。

表 6-12 水泵、电动机和变频器选型

用水量(m³/h)	扬程/(m)	水泵型号	电动机功率/(kW)	配用变频器/(kW)
12N	24	50DL12-12×2	3	3.7
	30	40LG12-15×2	2.2	2.2
	36	50DL12-12×3	3	3
	45	40LG12-15×3	3	3
	60	40LG12-15×4	4	4

续表

用水量（m³/h）	扬程/（m）	水泵型号	电动机功率/（kW）	配用变频器/（kW）
24N	40	50LG24－20×2	5.5	5.5
	60	50LG24－20×3	7.5	7.5
	80	50LG24－20×4	11	11
	100	50LG24－20×5	11	11
32N	30	65DL32－15×2	5.5	5.5
	45	65DL32－15×3	7.5	7.5
	60	65DL32－15×4	11	11
	75	65DL32－15×5	15	15
	90	65DL32－15×6	15	15
	105	65DL32－15×7	18.5	18.5
36N	40	65LG36－20×2	7.5	7.5
	60	65LG36－20×3	11	11
	80	65LG36－20×4	15	15
	100	65LG36－20×5	18.5	18.5
	120	65LG36－20×6	22	22
50N	40	80LG50－20×2	11	11
	60	80LG50－20×3	15	15
	80	80LG50－20×4	18.5	18.5
	100	80LG50－20×5	22	22
	120	80LG50－20×6	30	30
100N	40	100DL2	18.5	18.5
	60	100DL3	30	30
	80	100DL4	37	37
	100	100DL5	45	45
	120	100DL6	55	55

注：N 为水泵台数。

4）设定供水压力经验数据：平房供水压力 $p=0.12$ MPa；楼房供水压力 $p=(0.08+0.04×楼层数)$ MPa。

5）系统设计还应遵循以下的原则：

① 蓄水池容量应大于每小时最大供水量。

② 水泵扬程应大于实际供水高度。

③ 水泵流量总和应大于实际最大供水量。

（2）设计实例。

某居民小区共有 10 栋楼，均为 7 层建筑，总居住 560 户，住宅类型为表 6-10 中的 3 型，试设计恒压供水变频调速系统。

1）设备选用。

① 根据表 6-10 所示，确定用水量标准为 0.19 m^3/人日。

② 根据表 6-11 所示，确定每小时最大用水量为 105 m^3/h。

③ 根据 7 层楼高度可确定设置供水压力值为 0.36 MPa。

④ 根据表 6-12 所示，确定水泵型号为 65LG36-20×2 共 3 台，水泵自带电动机功率为 7.5 kW。

⑤ 变频器的选型与控制方式。

因为水泵也属于二次方律负载，因此变频器的类型可选 U/f 控制方式的三菱 FR-A540 的变频器，容量为 7.5 kW，其变频器的 U/f 线可选"负补偿"程度较轻的曲线（如图 6-10 中的 2 曲线所示）。

2）电路设计。图 6-11 为应用三菱 FR-A540 变频器设计的自动恒压供水系统电路原理图。

① 主电路。该装置主电路采用变频常用泵和工频备用泵自动与手动双重运行模式。由于管道设计采取了易分解结构，各泵

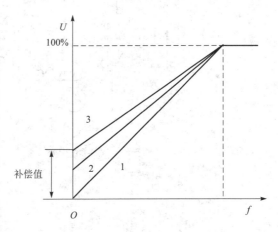

图 6-10 变频器的 U/f 控制线

可以独立运行、检修。两台水泵中一台变频运行，当用户用水量增加、变频调速达到上限值时，自动切换到工频备用泵运行，原变频常用泵继续以较低频率运行，以满足用户用水量的需要。途中 M2 为主泵电动机，M1 为备用泵电动机，QF1、QF2、QF3 为低压断路器，KM1 为接触器，FR1 为热继电器。

② 控制电路。控制电路由三菱 FR-A540 变频器和外围继电器控制电路组成。

a. 控制电路可以实现变频、工频、一用一备自动与手动转换控制运行，通过内置的频率信号变化范围，设定开关量输出，控制主泵电动机和备用泵电动机之间的相互切换。

b. 压力的目标值给定通过电位器 R_{P1} 实现，水泵的压力范围为 0~1 MPa，实际压力为 0.36 MPa，因此压力的目标值用百分数表示应为 36%。压力传感器 SP 的输出电流范围为

4~20 mA,即水压为 0 时压力传感器 SP 输出 4 mA,水压为 1 MPa 时压力传感器 SP 输出 20 mA。

c. 利用变频器内置的 PID 控制,比较给定压力信号和反馈信号的大小,输出相应的 0~5 V 电压控制信号,自动控制水泵进行调速。

d. 控制系统的各控制参数可通过变频器的面板显示。

e. 具有短路、过电流、过载等保护功能。

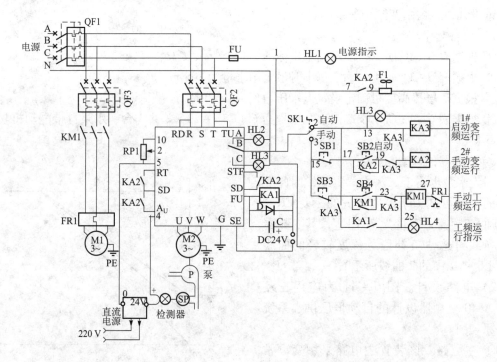

图 6-11 某生活小区恒压供水系统电路原理图

③ 系统主要电器选择。

a. 断路器 QF2 选择。断路器具有隔离、过电流及欠电压等保护功能,当变频器的输入侧发生短路或电源电压过低等故障时,可迅速进行保护。考虑变频器允许的过载能力为 150%,1 min。所以为了避免误动作,断路器 QF2 的额定电流 I_{QN} 应选

$$I_{QN} \geq (1.3 - 1.4) I_N = (1.3 - 1.4) \times 16.4 \text{ A} = 23 \text{ A}$$

QF2 选 30 A。

式中,I_N 为变频器的输出电流,$I_N = 16.4$ A。

b. 断路器 QF1 选择。在电动机要求实现工频和变频切换驱动的电路中,断路器应按电动机在工频下的启动电流来考虑,断路器 QF1 的额定电流 I_{QN} 应选

$$I_{QN} \geqslant 2.5 I_{MN} = 2.5 \times 13.6 \text{ A} = 34 \text{ A}$$

QF1 选 40 A。

式中，I_{MN} 为电动机的额定电流，$I_{MN}=13.6$ A。

c. 接触器 KM1 的选择。接触器的选择应考虑到电动机在工频下的启动情况，其触点电流通常可按电动机的额定电流再加大一个挡次来选择，由于电动机的额定电流 $I_{MN}=13.6$ A，所以接触器的触点电流选 20 A 即可。

④ 安装与配线注意事项。

a. 变频器的输入端 R、S、T 和输出端 U、V、W 是绝对不允许接错的，否则将引起两相间的短路而将逆变管迅速烧坏。

b. 变频器都有一个接地端子"E"，用户应将此端子与大地相接。当变频器和其他设备，或多台变频器一起接地时，每台设备都必须分别和地线相接，不允许将一台设备的接地端和另一台设备的接地端相接后再接地。

c. 在进行变频器的控制端子接线时，务必与主电力线分离，也不要配置在同一配线管内，否则有可能产生误动作。

d. 压力设定信号线和来自压力传感器的反馈信号线必须采用屏蔽线，屏蔽线的屏蔽层与变频器的控制端子 ACM 连接；屏蔽线另一端的屏蔽层悬空。

3）变频器的功能参数设置。

① 变频器的基本功能参数预置。

a. 最高频率。水泵属二次方律负载，当转速超过其额定转速时，转矩将按平方规律增加。例如，当转速超过额定转速 10% 时，转矩将超过额定转矩 21%，导致电动机严重过载。因此，变频器的工作频率是不允许超过额定频率的，其最高频率只能与额定频率相等，即 $f_{max}=f_N=50$ Hz。

b. 上限频率。一般上限频率也可以等于额定频率，但最好以预置得低点为宜，主要有以下考虑。

i. 由于变频器内部往往具有转差初补偿功能，因此，同是在 50 Hz 的情况下，水泵在变频运行时，实际转速高于工频运行时的转速，从而增大了水泵和电动机的负载。

ii. 变频调速系统若在 50 Hz 运行时还不如直接在工频下运行为好，这样可减少变频器本身的损耗。

所以，将上限频率预置为 49 Hz 或 49.5 Hz 是恰当的。

c. 下限频率。在供水系统中，转速过低，会出现水泵的全扬程小于实际扬程，形成水泵"空转"的现象。所以，在多数情况下，下限频率应设定为 30~35 Hz。有特殊需要可以设定得更低，根据具体情况而定。

d. 启动频率。水泵在启动前，其叶轮全部在水中，启动时存在着一定的阻力。在从零开始启动时的一段频率内，实际上转不起来，应适当预置启动频率，使其在启动瞬间有一点儿冲力，也可采用手动或自动转矩补偿功能。如用手动可将补偿量预置得小一点，如果带负载困难时，再逐渐增加补偿量，直至能够带动负载为止。若补偿量预置得较大，则观察拖动系统在负载最轻时的电流大小。如电流过大，说明磁路严重饱和，应适当降低补偿量。当启动电流为额定电流的15%时，启动转矩可达额定转矩的20%左右，现场设置应视具体情况而定。

e. 升速与降速时间。水泵不属于频繁启动与制动的负载，其升、降速时间的长短并不涉及生产效率问题。因此，可将升、降时间预置得长一些，通常确定升、降速时间的原则是，在启动过程中其最大启动电流接近或等于电动机的额定电流，升、降速时间相等即可。

f. 暂停（睡眠与苏醒）功能。在日常供水系统中，夜间的用水量常常是很少的，即使水泵在下限频率下运行，供水压力仍能超过目标值，这时可使主水泵暂停运行。

② 变频器的端子定义功能参数预置。变频器的端子定义功能参数见表6-13。

表6-13 端子定义功能参数

参数号	作　用	功　能
Pr. 183 = 14	将 RT 端子设定为 PID 的功能	RT 端子功能选择
Pr. 184 = 4	反馈值为电流	电流输入选择
Pr. 192 = 16	从 IPF 端子输出正、反转信号	IPF 端子功能选择
Pr. 193 = 14	从 OL 端子输出下限信号	OL 端子功能选择
Pr. 194 = 15	从 FU 端子输出上限信号	FU 端子功能选择

③ 变频器的PID运行参数预置。变频器的PID运行参数预置见表6-14。

表6-14 变频器的 PID 运行参数预置

参数号	作　用	功　能
Pr. 128 = 20	检测值从端子4输入	选择 PID 对压力信号的控制
Pr. 129 = 30	确定 PID 的比例调节范围	PID 的比例范围常数设定
Pr. 130 = 10	确定 PID 的积分时间	PID 的积分时间常数设定
Pr. 131 = 100%	设定上限调节值	上限值设定参数
Pr. 132 = 0%	设定下限调节值	下限值设定参数
Pr. 133 = 50%	外部操作时设定值由端子2~5端子间的电压确定，在 PU 或组合操作时控制值大小的设定	PU 操作下控制设定值的确定
Pr. 134 = 3 s	确定 PID 的微分时间	PID 的微分时间常数设定

④ PID 控制模拟调试。

a. 手动模拟调试。在系统运行前，可以先将图 6-11 中的 SP 反馈拆除，用手动模拟方法对 PID 功能进行初步调试，PID 功能手动模拟调试如图 6-12 所示。

i. 模拟量确定。设定 Pr.73 = 5，使"0~5 V/0~10 V"选择为 0~5 V 输入，即模拟量电压 0~5 V。0 V 对应于设定输出值为 0%；5 V 对应于设定输出值为 100%。

频率 0~50 Hz 控制运转频率范围，实际频率设定为 30 Hz 左右。

压力 0~1 MPa，实际控制压力设定为 0.36 MPa。

ii. 给定电压范围是 0~5 V，目标值设定为 0.36 MPa。对应的电压为 1.8 V，设定量为 36%。

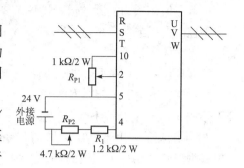

图 6-12 PID 功能手动模拟调试

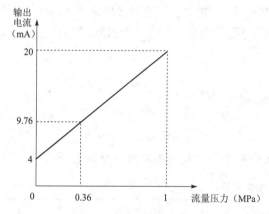

图 6-13 流量传感器压力与输出电流的变化关系曲线

b. 反馈信号确定。

i. 模拟量选择。电压外接 0~24 V。

ii. 模拟电流信号范围。电流变化随 R_{P2} 的阻值变化而变化，最小值为 24 V/(4.7+1.2)kΩ = 0.004 1 A，最大值为 24 V/1.2 kΩ = 0.02 A；4 mA 对应于传感器的输出值为 0%，20 mA 对应于传感器的输出值为 100%。

c. 执行量信号调整范围。选择的流量传感器型号为 DG1300-BZ-Z-2-2，量程为 0~1 MPa，输出 4~20 mA 的模拟信号，流量传感器压力与输出电流的变化关系曲线如图 6-13 所示，对应的总电阻值变化关系如表 6-15 所示。

表 6-15 流量传感器压力、电流对应的总电阻值变化关系

压力	百分数	输出电流	对应的总阻值
0 MPa	0%	4 mA	5.9 kΩ
0.36 MPa	36%	9.76 mA	2.45 kΩ
1 MPa	100%	20 mA	1.2 kΩ

将目标值预置为实际数值，即调节图 6-12 中 R_{P1}，将给定电压设置为 1.8 V 左右，将一个手控的电压或电流信号（参看图 6-12 中调节 R_{P2} 电阻值为 2.45 kΩ 左右）接至变频器的反馈信号输入端子 4。

缓慢地调节反馈信号，当反馈信号超过目标信号时，变频器的输入频率将不断上升，直至最高频率；反之，当反馈信号低于目标信号时，变频器的输入频率将不断下降，直至频率为下限或 0 Hz，上升或下降的快慢反映了积分时间的大小。

⑤ 系统调试。由于 PID 的取值与系统的惯性大小有很大关系，因此，很难一次调定，这里根据经验介绍一个大致的调试过程。

调试过程中，首先将微分功能 D 调为 0，即无微分控制。在许多要求不高的控制系统中，微分功能可以不用，将比例放大和积分时间可设定较大一点儿或保持变频器出厂设定值不变，使系统运行起来，观察其工作情况。

如果在压力下降或上升后难以恢复，说明反应太慢，则应加大比例增益 K_P，修正 Pr. 129 参数，直至比较满意为止。在增大 K_P 后，虽然反应快了，但却容易在目标值附近波动，说明系统有振荡，应加大积分时间（即修正 Pr. 130 参数），直至基本不振荡为止。

总之，在反应太慢时，应增大 K_P，或减小积分时间；在发生振荡时，应调小 K_P 或加大积分时间，最后调整微分时间，使 D 微微增大，使过程控制更加稳定。至此调试结束。

技能训练

1. 根据设计示例要求选择合适的器件及型号，合理选择变频器。
2. 按图 6-11 所示进行安装接线。
3. 根据控制要求进行参数设置。

有关参数设置见表 6-16，PID 功能参数设置和定义端子功能参数方法见前文所述。

表 6-16　有关参数设置

参数号	名　称	设定值
Pr. 1	上限频率	45 Hz
Pr. 2	下限频率	20 Hz
Pr. 3	基底频率	50 Hz
Pr. 7	加速时间	15 s
Pr. 8	减速时间	20 s
Pr. 9	电子过电流保护	根据电动机额定电流确定
Pr. 19	基底频率电压	380 V
Pr. 41	频率到达动作范围	±5%

4. 在老师的指导下对变频恒压供水系统进行模拟调试。

5. 训练评估见表 6-17。

表 6-17 训练评估表

项目名称	恒压供水调速系统调试		考核等级		
序号	要求	配分	等级	评分细则	得分
1	根据电路图进行安装接线	15 分	15 分	电路接线完全正确	
			10 分	电路接线错 1 处,能自行修改	
			5 分	电路接线错 2 处,能自行修改	
			0 分	电路接线错 2 处以上,或不能连接	
2	参数设定	15 分	15 分	参数设置完全正确	
			10 分	参数设置错 1 处	
			5 分	参数设置错 2 处	
			0 分	参数设置多处出错	
3	通电调试并记录测量	20 分	20 分	通电调试结果完全正确、测量完全正确	
			15 分	测试及测量错 1 处	
			10 分	测试及测量错 2 处	
			0 分	通电调试失败,无法实测	
4	安全生产	10 分	10 分	安全文明生产,符合操作规程	
			8 分	操作基本规范	
			6 分	经提示后能规范操作	
			0 分	不能文明生产,不符合操作规程	

课后练习

1. 变频恒压供水与传统的水塔供水相比,具有什么优点?
2. 如何选择变频恒压供水的水泵和变频器?
3. 为什么恒压供水系统最好选择专用供水变频器?
4. 简述恒压供水系统 PID 模拟调节的步骤。
5. 某恒压供水系统,所购压力传感器的量程为 0~1.6 MPa,实际需要压力为 0.4 MPa,试决定在进行 PID 控制时的目标值。
6. 若采用 PLC 控制替代本项目中的有关继电器控制,试设计有关控制电路,编写控制程序，并进行安装调试。

项目 6.3　变频器在机床改造中的应用

项目目标

1. 掌握普通车床的变频调速改造的步骤。
2. 掌握龙门刨床的刨台主运动变频调速改造的方法。
3. 掌握龙门刨床的刨台刀架运动变频调速改造的方法。

相关知识

1. 机床应用变频器的目的

金属切削机床的种类很多，主要有车床、铣床、磨床、钻床、刨床、镗床等。金属切削机床的基本运动是切削运动，即工件与刀具之间的相对运动。切削运动由主动和进给运动组成。

在切削运动中，承受主要切削功率的运动称为主运动。在车床、磨床和刨床等机床中，主运动是工件的运动，主运动的拖动系统通常采用电磁离合器配合齿轮箱进行调速，此调速系统存在体积大、结构复杂、噪声大、电磁离合器损坏率较高、调速性能差等缺点；而在铣床、镗床和钻床等机床中，主运动则是刀具的运动，主运动拖动系统直流电动机，设备造价高、效率低。因此，如果采用变频器对它们进行调速控制，可以克服上述不足，提高机床的综合性能。

2. 普通车床的变频调速改造

（1）普通车床的构造与工作特点。

1）普通车床的基本结构。如图 6-14 所示，主要部件介绍如下。

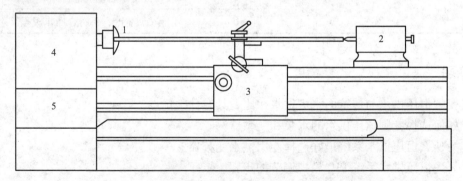

图 6-14　普通车床的外形
1—头架；2—尾架；3—刀架；4—主轴变速箱；5—进给箱

① 头架。用于固定工件。内藏齿轮箱,是主要的传动机构之一。

② 尾架。用于顶住工件,是固定工件用的辅助部件。

③ 刀架。用于固定车刀。

④ 主轴变速箱。用于调节主轴的转速(即工件的转速)。

⑤ 进给箱。在自动进给时,用于和齿轮箱配合,控制刀具的进给运动。

2)车床的拖动系统。普通车床的拖动系统主要包括以下两种运动:

① 主运动。工件的旋转运动为普通车床的主运动,带动工件旋转的拖动系统为主拖动系统。

② 进给运动。主要是刀架的移动。由于在车削螺纹时,刀架的移动速度必须和工件的旋转速度严格配合,故中、小型车床的进给床身运动通常由主电动机经进给传动链而拖动,并无独立的进给拖动系统。

3)主运动的负载性质。在低速段,允许的最大进刀量都是相同的,负载转矩也相同,属于恒转矩区;而在高速段,则由于受床身机械强度和振动及刀具强度等的影响,速度越高,允许的最大进刀量越小,负载转矩也越小,但切削功率保持相同,属于恒功率区。车床主轴的机械特性如图 6-15 所示。恒转矩恒功率区的分界转速称为计算转速,用 n_D 表示。通常规定把主轴最高转速的 1/4 作为计算转速。

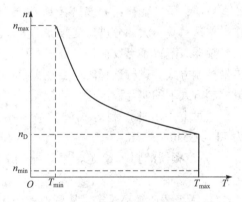

图 6-15 普通车床的机械特性

(2)应用变频器对车床主运动拖动系统进行改造。

1)原拖动系统的数据。某型号精密车床,原拖动系统采用电磁离合器配合齿轮箱进行调速,拖动系统数据如下:

主轴转速共有 8 挡:75 r/min、120 r/min、200 r/min、300 r/min、500 r/min、800 r/min、1 200 r/min、2 000 r/min。

电动机额定容量 2.2 kW。

电动机额定转速 1 440 r/min。

2)变频器的选择。

① 变频器的容量。考虑到车床在低速车削毛坯时常常出现较大的过载现象,且过载时间有可能超过 1 min。因此,变频器的容量应比正常的配用电动机容量加大一挡。

上述车床中电动机的容量是 2.2 kW,故选择。

变频器容量:$S_N = 6.9$ kVA (配用 $P_{MN} = 3.7$ kW 电动机)。

额定电流:$I_N = 9$ A。

② 变频器控制方式的选择。

a. U/f 控制方式。车床除了在车削毛坯时负荷大小有较大变化外，在以后的车削过程中，负荷的变化通常是很小的。因此，就切削精度而言，选择 U/f 控制方式是能够满足要求的。但在低速切削时，需要预置较大的 U/f，在负载较轻的情况下，电动机的磁路常处于饱和状态，励磁电流较大。因此，从节能的角度看 U/f 控制方式并不理想。

b. 无反馈矢量控制方式。新系列变频器在无反馈矢量控制方式下，已经能够做到在 0.5 Hz 时稳定运行，所以完全可以满足普通车床主拖动系统的要求。由于无反馈矢量控制方式能够克服 U/f 控制方式的缺点，故是一种最佳选择。

c. 有反馈矢量控制。有反馈矢量控制方式虽然是运行性能最为完善的一种控制方式，但由于需要增加编码器等转速反馈环节，不但增加了费用，对编码器的安装也比较麻烦。所以，除非该机床对加工精度有特殊需求，一般没有必要采用此种控制方式。

目前，国产变频器大多只有 U/f 控制功能。但在价格和售后服务等方面较有优势，可以作为首选对象；大部分进口变频器的矢量控制功能都是既可以无反馈也可以有反馈；但也有的变频器只配置了无反馈控制方式，如日本日立公司生产的 SJ300 系列变频器。采用无反馈矢量控制方式，进行选择时需要注意其能够稳定运行的最低频率（部分变频器在无反馈矢量控制方式下的实际稳定运行的最低频率为 5 ~ 6 Hz）。

通过上述几种控制方式的比较，结合本例，可选 U/f 控制方式的变频器，型号为 FR – A540 – 3.7K – CH。

3) 变频器的频率给定。变频器的频率给定方式可以有多种，应根据具体情况进行选择。

① 无级调速频率给定。从调速的角度看，采用无级调速方案增加了转速的选择性，且电路也比较简单，是一种理想的方案。它可以直接通过变频器的面板进行调速，也可以通过外接电位器调速。

但在进行无级调速时必须注意：当采用两挡传动比时，存在着一个电动机的有效转矩线小于负载机械特性的区域，如图 6 – 16 所示。

② 分段调速频率给定。由于该车床原有的调速装置是由一个手柄旋转 9 个位置（包括 0 位）控制 4 个电磁离合器来进行调速的。为了防止在改造后操作人员一时难以掌握，要求调节转速的操作方法不变。故采用电阻分压式给定方法，如图 6 – 17 所示。图中，各挡电阻值的大小应计算得使各挡的转速与改造前相同。

③ 利用 PLC 进行分段调速频率给定。如果车床还需要进行较为复杂的程序控制而应用了可编程序控制器（PLC），则分段调速频率给定可通过 PLC 结合变频器的

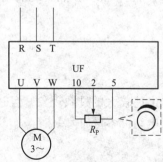

图 6 – 16　无级调速频率给定示意图

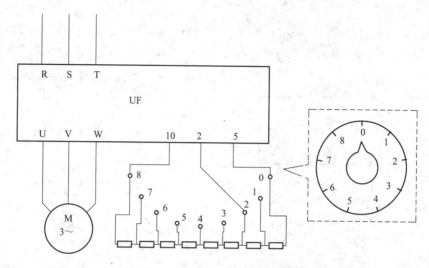

图 6-17 分段调速频率给定示意图

多挡转速功能来实现，如图 6-18 所示。图中，转速挡由按钮开关（或触摸开关）来选择，通过 PLC 控制变频器的多段速度，选择端子 RH、RM、RL 的不同组合，得到 8 挡转速。电动机的正转、反转和停止分别由按钮开关 SF、SR、ST 来控制。

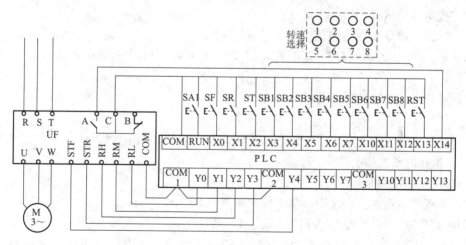

图 6-18 利用 PLC 进行分段调速频率给定

4）变频调速系统的控制电路。

① 控制电路。通过前面的分析，本车床主拖动系统采用外接电位器调速的控制电路，如图 6-19 所示。图中，接触器则用于接通变频器的电源，由 SB1 和 SB2 控制。继电器 KA1 用于正转，由 SF 和 ST 控制；KA2 用于反转，由 SR 和 ST 控制。

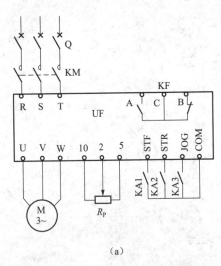 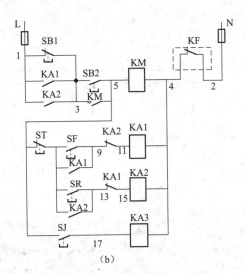

图 6-19 车床变频调速的控制电路
(a) 变频器电路；(b) 控制电路

正转和反转只有在变频器接通电源后才能进行；变频器只有在正、反转都不工作时才能切断电源。由于车床需要有点动功能，故在电路中增加了点动控制按钮 SJ 和继电器 KA3。

② 主要电器的选择。

a. 空气断路器 Q 的额定电流 I_{QN}

$$I_{QN} \geq (1.3 \sim 1.4)I_N = (1.3 \sim 1.4) \times 9 = 11.7 \sim 12.6 \text{ (A)}$$

选 $I_{QN} = 20$ A

b. 接触器 KM 的额定电流 I_{KN}

$$I_{KN} \geq I_N = 9 \text{ A}$$

c. 调速电位器。选 2 kΩ/2 W 电位器或 10 kΩ/1 W 的多圈电位器。

5) 变频器的预置功能参数。

① 基本频率与最高频率。

a. 基本频率。在额定电压下，基本频率预置为 50 Hz。

b. 最高频率。当给定信号达到最大时，对应的最高频率预置为 100 Hz。

② U/f。使车床运行在最低速挡，按最大切削量切削最大直径的工件，逐渐加大 U/f，直至能够正常切削，然后退刀，观察空载时是否因过电流而跳闸。如不跳闸则预置完毕。

③ 升、降速时间。考虑到车削螺纹的需要，将升、降速时间预置为 1 s。由于变频器容量已经提高了一挡，升速时不会跳闸。为了避免降速过程中跳闸，将降速时的直流电压限值预置为 680 V（过电压跳闸值通常大于 700 V）。经过试验，能够满足工作需要。

④ 电动机的过载保护。由于所选变频器容量提高了一挡，故必须准确预置电子式热保

护装置的参数。在正常情况下,变频器的电流取用比为

$$I = \frac{I_{MN}}{I_N} \times 100\% = \frac{4.8}{9.0} \times 100\% = 53\%$$

因此,将保护电流的百分数预置为 55% 是适宜的。

⑤ 点动频率。根据用户要求,将点动频率预置为 5 Hz。

3. 龙门刨床的变频调速改造

(1) 龙门刨床的构造与工作特点。

1) 龙门刨床的基本结构。龙门刨床主要用来加工机床床身、箱体、横梁、立柱、导轨等大型机件的水平面、垂直面、倾斜面及导轨面等,是重要的工作母机之一。主要由以下 7 个部分组成,如图 6 - 20 所示。

① 床身。床身是一个箱形体,上有 V 形和 U 形导轨,用于安置工作台。

② 刨台。刨台也叫工作台,用于安置工件。下有传动机构,可顺着床身的导轨做往复运动。

③ 横梁。横梁用于安置垂直刀架。在切削过程中严禁动作,仅在更换工件时移动,用以调整刀架的高度。

④ 左、右垂直刀架。安装在横梁上,可沿水平方向移动,刨刀也可沿刀架本身的导轨垂直移动。

⑤ 左、右侧刀架。安置在立柱上,可上、下移动。

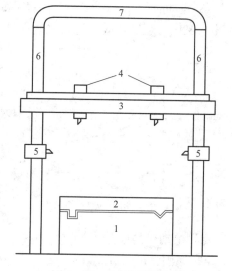

图 6 - 20 龙门刨床结构

1—床身;2—刨台;3—横梁;4—左、右垂直刀架;
5—左、右侧刀架;6—立柱;7—龙门顶

⑥ 立柱。立柱用于安置横梁及刀架。

⑦ 龙门顶。龙门顶用于紧固立柱。

2) 龙门刨床的刨台主运动。龙门刨床的刨削过程是工件(安置在刨台上)与刨刀之间作相对运动的过程。因为刨刀除进给运动外,加工过程中是不动的,所以龙门刨床的主运动就是刨台频繁的往复运动。所谓往复运动周期,是指刨台每往返一次的速度变化过程。以国产 A 系列龙门刨床为例,其往复周期如图 6 - 21 所示。

图中,v 为线速度;t 为时间。各时间段 ($t_1 \sim t_5$) 的工作状况如下:

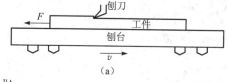

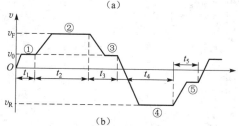

图 6 - 21 刨台的往复周期

(a) 刨台的运动示意;(b) 往复周期

① 刨台启动、刨刀切入工件时段 t_1。为了减小在刨刀刚切入工件的瞬间，刀具所受的冲击和防止工件被崩坏，速度较低，为 V_0。

② 正常刨削时段 t_2。刨台加速至正常的刨削速度 V_F。

③ 刨刀退出工件时段 t_3。为了防止工件边缘被崩裂，故将速度又降低为 V_0。

④ 高速返回时段 t_4。返回过程是不切削工件的空行程，为了节省返回时间，提高工作效率，返回速度应尽可能快一些，设为 V_R。

⑤ 缓冲时段 t_5。返回行程即将结束，再反向到工作速度之前，为了减小对传动机构的冲击，又应将速度降低为 V_0；之后便进入下一周期，重复上述过程。

3) 刨台运动的负载性质。刨台的计算转速具体地说是 25 m/min。

① 切削速度 $V_Q \leqslant 25$ m/min，在这一速度段，由于受刨刀允许切削力的限制，在调速过程中负荷具有恒转矩性质。

② 切削速度 $V_Q \geqslant 25$ m/min，在这一速度段，由于受横梁与立柱等机械结构强度的限制，在调速过程中负荷具有恒功率性质，其机械特性如图 6-22 所示。

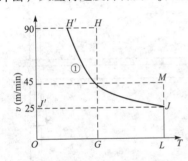

图 6-22 刨台运动的机械特性曲线

(2) 应用变频器对龙门刨床刨台主运动进行改造。

1) 电动机的选择。

① 原刨台电动机的数据：

$$P_{MN} = 60 \text{ kW}, n_{MN} = 1\ 880 \text{ r/min}$$

② 异步电动机容量的确定。由于负载的高速段具有恒功率特性，而电动机在额定频率以上也具有恒功率特性。因此，为了充分发挥电动机的潜力，电动机的工作频率应适当提高至额定频率以上，使其有效转矩线如图 6-23 中的曲线②所示。图中，曲线①是负载的机械特性。由图可以看出，所需电动机的容量与面积 $OLKK'$ 成正比，和负载实际所需功率十分接近。上述 A 系列龙门刨床的主运动在采用变频调速后，电动机的容量可减小为原来直流电动机的 3/4，即 45 kW 就已经足够。但考虑到异步电动机在额定频率以上时，尽管从发热的角度看，其有效转矩具有恒功率的特点，但在高频时其过载能力有所下降，为留有余地，选择 55 kW 的电动机，其最高工作频率定为 75 Hz，如图 6-23 所示。

③ 异步电动机的选型。一般来说，以选用

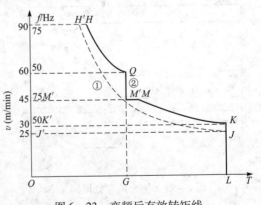

图 6-23 变频后有效转矩线

变频调速专用电动机为宜。今选用 YVP250M-4 型异步电动机，主要额定数据为：$P_{MN}=55\text{ kW}$，$I_{MN}=105\text{ A}$，$T_{MN}=350.1\text{ N}\cdot\text{m}$。

2）变频器的选择。

① 变频器的选型。考虑到龙门刨床本身对机械特性的硬度和动态响应能力的要求较高。近年来，龙门刨床常与铣削或磨削兼用，而铣削和磨削时的进刀速度只有刨削时的约1%，故要求拖动系统具有良好的低速运行性能。

综合各方面因素，本系统选用日本安川公司生产的 CIMR-G7A 系列变频器。该变频器即使工作在无反馈矢量控制的情况下，也能在0.3 Hz 时运行，其输出转矩达到额定转矩的150%，能够满足拖动的要求。

② 变频器的容量。变频器的容量只需和配用电动机容量相符即可。因电动机为55 kW，则变频器应选用98 kVA，额定电流为128 A。

3）主电路其他电器的选择。

① 空气开关 Q：
$$I_{QN} \geq (1.3 \sim 1.4)I_N = (1.3 \sim 1.4) \times 128 = 166.4 \sim 179.2 \text{ （A）}$$

选用 $I_{QN}=170\text{ A}$。

② 接触器 KM：
$$I_{KN} \geq I_N = 128 \text{ A}$$

选用 $I_{KN}=160\text{ A}$。

③ 制动电阻与制动单元。如前所述，刨台在工作过程中，处于频繁地往复运行的状态。为了提高工作效率、缩短辅助时间，刨台的升、降速时间应尽量短。因此，直流回路中的制动电阻与制动单元是必不可少的。

a. 制动电阻的值根据说明书，选取制动电阻 $R_B = 10\text{ }\Omega$。

b. 制动电阻的容量说明书提供的参考容量是12 kW，但考虑到刨台的往复十分频繁，故制动电阻的容量应比一般情况下的容量加大1～2挡。

选制动电阻的容量 $P_B = 30\text{ kW}$。

4）刨台主运动变频调速的控制电路。

① 往复指令。刨台在往复周期中，实现速度变化的指令信号，是由刨台下面专用的接近开关的状态得到的。接近开关的状态又由装在刨台下部的4个"接近块"（相当于行程开关的挡块，分别编以1、2、3、4号）的接近情况所决定，如图6-24（a）所示。图中，为了直观起见，仍用行程开关和挡块来表示。SQ1、SQ2 是用来决定刨台的运行情况的；SQ5、SQ6 是极限开关，用于对刨台极限位置的保护。

各接近开关在不同时序中的状态如图6-24（b）所示。图中"1"表示接近开关被"撞"；"0"表示接近开关复位。假设：刨台正处于刨削过程中，各行程开关的动作顺序如下。

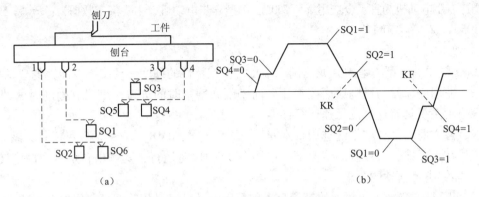

图 6-24 刨台往复周期中的指令信号
(a) 刨台的往复运动；(b) 刨台运动的时序

  a. 退出工件段。挡块 2 碰 SQ1，使刨削速度降为低速，刨刀准备退出工件。
  b. 高速返回段。挡块 1 碰 SQ2，使刨台高速返回；如果刨台因 SQ2 发生故障而未返回，则挡块 1 将碰 SQ5，迫使刨台停止运行；在返回过程中，SQ2 与 SQ6 相继复位。
  c. 缓冲段。挡块 3 碰 SQ3，使返回速度降为低速，准备反向。
  d. 切入工件段。挡块碰 SQ4，刨台反向，低速切入工件；如果刨台因 SQ4 发生故障而未反向，则挡块 4 将碰 SQ6，迫使刨台停止运行；在反向过程中，SQ4 复位。
  e. 正常切削段。SQ3 复位，刨台升速为所要求的切削速度。
  重复上述过程。
  ② 刨台主运动变频调速的控制电路。
  由于龙门刨床的实际控制电路，除刨台的往复运动外，还必须考虑刨台运动与横梁、刀架之间的配合运动等，故控制电路采用 PLC 较为方便，刨台主运动变频调速的控制电路如图 6-25 所示。其控制特点如下：
  ① 变频器的通电。当空气断路器合闸后，由按钮 SB1 和 SB2 控制接触器 KM，进而控制变频器的通电与断电，并由指示灯 HLM 进行指示。
  ② 速度调节。
  a. 刨台的刨削速度和返回速度分别通过电位器 R_{P1} 和 R_{P2} 来调节。
  b. 刨台步进和步退的转速由变频器预置的点动频率决定。
  ③ 往复运动的启动。
  通过按钮 SF2 和 SR2 来控制，具体按哪个按钮，须根据刨台的初始位置来决定。
  ④ 故障处理。一旦变频器发生故障，触点 KF 闭合，切断变频器的电源，同时指示灯 HLT 亮，进行报警。
  ⑤ 油泵故障处理。一旦变频器发生故障，继电器 KFO 闭合，PLC 将使刨台在往复周期

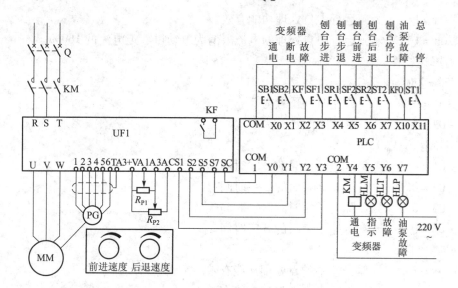

图 6-25 刨台主运动变频调速的控制电路

结束之后停止刨台的继续运行。同时指示灯 HLP 亮，进行报警。

⑥ 停机处理。正常情况下按 ST2，刨台应在一个往复周期结束之后才切断变频器的电源。如遇紧急情况，则按 ST1，使整台刨床停止运行。

5）变频器的功能参数预置。

① 频率给定功能。

b1-01 = 1	控制输入端 A1 和 A3 均为输入电压给定信号。
H3-05 = 2	当 S5 断开时，由输入端 A1 的给定信号决定变频器的输出频率；当 S5 闭合时，由输入端 A3 的给定信号决定变频器的输出频率。
H1-03 = 3	使 S5 成为多挡速 1 的输入端，并实现上述功能。
H1-06 = 6	使 S8 成为点动信号输入端。
d1-01 = 10 Hz	点动频率预置为 10 Hz。

② 运行指令。

b1-02 = 1	由控制端子输入运行指令。
b1-03 = 0	按预置的降速时间减速并停止。
b2-1 = 0.5 Hz	电动机转速降至 0.5 Hz 开始"零速控制"（无速度反馈时，则开始直流制动）。
b2-2 = 100%	直流制动电流等于电动机的额定电流（无速度反馈时）。
E2-03 = 30 A	直流励磁电流（有速度反馈时）。
b2-04 = 0.5 s	直流制动时间为 0.5 s。

L3 – 05 = 1　　　　　　运行中自处理功能有效。
L3 – 06 = 100%　　　　运行中自处理的电流限值为电动机额定电流的 160%。
③ 升降速特性。
a. 升降速时间。
C1 – 01 = 5 s　　　　　升速时间预置为 5 s。
C2 – 02 = 5 s　　　　　降速时间预置为 5 s。
b. 升降速方式。
C2 – 01 = 0.5 s　　　　升速开始时的 S 字时间。
C2 – 02 = 0.5 s　　　　升速结束时的 S 字时间。
C2 – 03 = 0.5 s　　　　降速开始时的 S 字时间。
C2 – 04 = 0.5 s　　　　降速结束时的 S 字时间。
c. 升降速自处理。
L3 – 01 = 1　　　　　　升速中的自处理功能有效。
L3 – 04 = 1　　　　　　降速中的自处理功能有效。
④ 转矩限制功能。
L7 – 01 = 200%　　　　正转时转矩限制为电动机额定转矩的 200%。
L7 – 02 = 200%　　　　反转时转矩限制为电动机额定转矩的 200%。
L7 – 03 = 200%　　　　正转再生状态时的转矩限制为电动机额定转矩的 200%。
L7 – 04 = 200%　　　　反转再生状态时的转矩限制为电动机额定转矩的 200%。
⑤ 过载保护功能。
E2 – 01 = 105 A　　　　电动机的额定电流为 105 A。
L1 – 01 = 2　　　　　　适用于变频专用电动机。
6）编制 PLC 控制程序。
参考程序梯形图如图 6 – 26 所示。
(3) 应用变频器对龙门刨床刨台刀架运动进行改造。
1）进刀量控制的一般方法。刨台在往复运动过程中，每次从刨台返口转为刨台前进时，刀架应进行一次进刀运动，进刀量通常通过机电结合的方式进行控制。具体结构如图 6 – 27 所示。

当刨台返回完了、准备反向时，给出进刀信号，刀架电动机开始旋转，刀架进刀。与此同时，进刀圆盘也开始转动，如图中虚线框内所示，当圆盘上的齿顶开继电器时，电动机断电，停止进刀，不同的进刀量将通过不同的圆盘来控制。

也有的刀架是采用较精密的电子时间继电器，通过控制进刀的时间来控制进刀量的。

2）刀架的变频调速。由于变频器能够十分准确地控制运行速度和升、降速时间，而

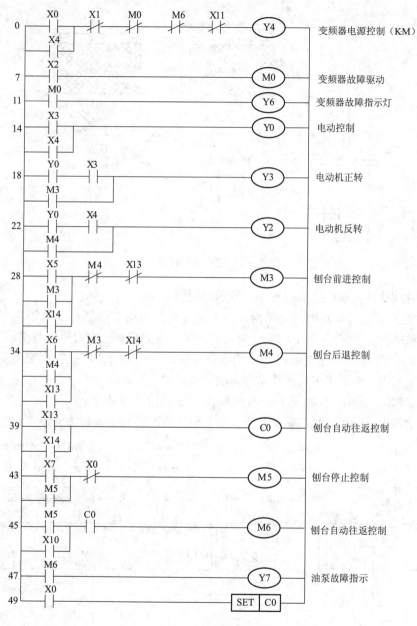

图 6-26 梯形图程序

PLC 又能够准确地计时。因此，采用 PLC 配合变频调速来控制进刀量，不但机械结构简单了许多，还能提高控制进刀量的精度。

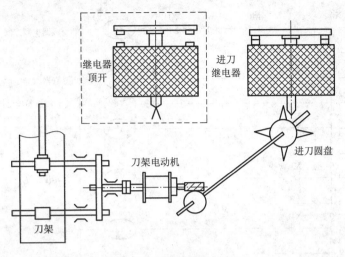

图 6-27　进刀控制结构

刀架变频调速的基本电路如图 6-28 所示。说明如下：

① UF2 是左、右刀架共用的变频器，UF3 是垂直刀架用变频器；可以用一个三位切换开关 SAN2 来控制，SAN2 的 3 个位置分别是左刀架、右刀架和左右刀架同时移动。

② SBV1 和 SBV2 是控制变频器 UF3 的按钮开关，SBN1 和 SBN2 是控制变频器 UF2 的按钮开关。SAV 和 SAN1 是用于切换移动方向的旋钮开关。

③ KF2 和 KF3 分别是变频器 UF2 和变频器 UF3 的故障信号。

④ SBV、SBR、SBL 分别是垂直刀架、左刀架和右刀架的快速移动按钮。

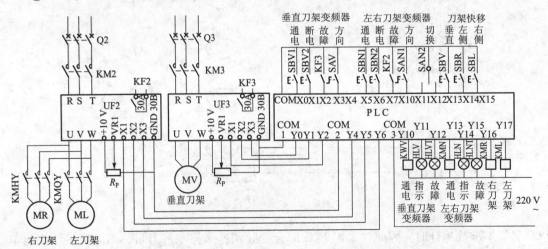

图 6-28　龙门刨床刨台刀架的变频调速系统

3）刀架电动机的选择。3 台刀架电动机的容量都是 1.5 kW。刀架的移动都是在不切削时进行的。因此，刀架电动机的负荷大小是比较恒定的。如果更换了刨刀，则更换前后负荷的大小将有所变化，但变化也极小。此外，刀架电动机的负载属于短时负载。在工作期间，电动机的发热将达不到稳定温升。因此，电动机可能是在过载状态下运行。

4）刀架变频器的选择。由于刀架电动机的负荷变化不大，故即使是 U/f 控制方式也能满足要求，选择变频器时应主要考虑经济因素。今选国产的森兰 SB60 系列变频器。

考虑到刀架电动机可能工作在过载状态下，故变频器的容量宜适当加大：垂直刀架用变频器选择 3.6 kVA（配 2.2 kW 电动机）、5.5 A 的变频器；而左、右刀架用变频器则选 6.4 kVA、9.7 A（配 3.7 kW 电动机）。

5）其他电器的选择。

① 空气断路器。

Q2：$I_{QN} \geq (1.3 \sim 1.4) \times 9.7 = 12.61 \sim 13.58$（A）

选择 $I_{QN} = 15$ A。

Q3：$I_{QN} \geq (1.3 \sim 1.4) \times 5.5 = 7.15 \sim 7.7$（A）

选择 $I_{QN} = 15$。

② 接触器。

KM2：$I_{KN} \geq 9.7$ A

选择 $I_{KN} = 10$ A。

KM3：$I_{KN} \geq 5.5$ A

选择 $I_{KN} = 10$ A。

③ 制动电阻和制动单元。

因为自动进刀时速度很低，停止时可直接采用直流制动方式；快速移动时则因为属于辅助操作，次数又不多，对制动时间无严格要求，故不必配置制动电阻和制动单元。

6）变频器的功能预置

① 频率给定功能：

F001 = 0——只用主给定信号或辅助给定信号。

F002 = 2——从 VRI 端输入给定信号。

② 运行控制功能：

F004 = 1——由外接端子控制变频器的运行。

F005 = 2——变频器面板上的停止按钮有效。

F006 = 0——正、反转由电位控制（二线控制）。

F007 = 2——停机时首先按预置的降速时间降速，然后实行直流制动。

③ 升、降速功能：

F009 = 5 s——升速时间预置为 5 s。

F010 = 5 s——降速时间预置为 5 s。

④ 电动机的过载保护：

F011 = 2——变频器的电子热保护功能有效。

F012 = 60%——当电动机的电流超过 3.3 A 时，过载保护开始起作用。

⑤ 控制方式：

F013 = 0——选择 U/f 开环控制方式。

F100 = 0——U/f 线为直线。

F101 = 50 Hz——基本频率为 50 Hz。

F102 = 380 V——最大输出电压为 380 V。

F103 = 15——转矩补偿选择第 15 挡。

⑥ 输入端子功能：

F500 = 13——端子 X1 为正转功能。

F501 = 14——端子 X2 为反转功能。

F502 = 10——端子 X3 为点动功能。

7) 编制 PLC 控制程序。参考程序梯形图如图 6-29 所示。

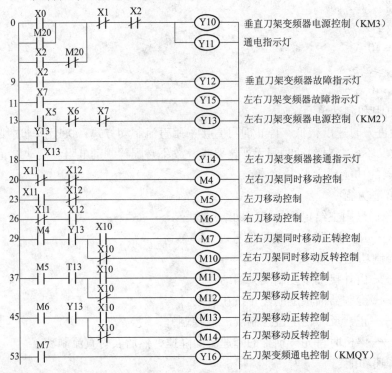

图 6-29　PLC 程序梯形图

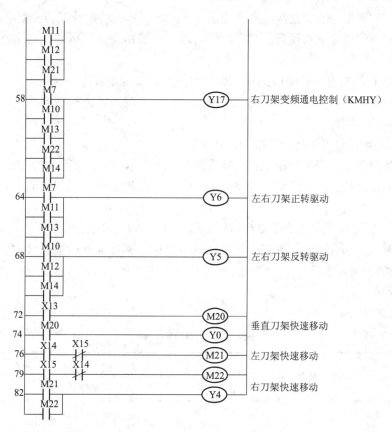

图 6-29 PLC 程序梯形图（续）

技能训练

1. 普通车床的变频调速改造

（1）按照控制要求安装控制电路。

按照图 6-19 所示，装接变频器控制电路。

（2）对变频器的功能进行预置。

按照控制要求，对照相关知识所叙述的参数，对变频器的参数进行逐一设置。

（3）系统调试。

结合实际情况进行现场调试，根据控制要求进行适当修改，以满足车床主拖动系统的控制要求。

2. 龙门刨床的变频调速改造

（1）龙门刨床刨台主运动的变频调速改造。

1) 按照控制要求,安装控制电路。按照图 6-25 所示,装接变频器控制电路。

2) 对变频器的功能进行预置。按照控制要求,对照相关知识所叙述的参数,对变频器的参数进行逐一设置。

3) 输入 PLC 编制程序。按照图 6-26 所示输入 PLC 控制程序。

4) 系统调试。结合实际情况进行现场调试,根据控制要求进行适当修改,以满足刨床刨台主运动的控制要求。

(2) 龙门刨床刨台刀架运动的变频调速改造。

1) 按照控制要求,安装控制电路。按照图 6-28 所示,装接变频器控制电路。

2) 对变频器的功能进行预置。按照控制要求,对照相关知识所叙述的参数,对变频器的参数进行逐一设置。

3) 输入 PLC 编制程序。按照图 6-29 所示,输入 PLC 控制程序。

4) 系统调试。结合实际情况进行现场调试,根据控制要求进行适当修改,以满足刨床刨台刀架运动的控制要求。

3. 训练评估

训练评估表见表 6-18。

表 6-18 训练评估表

训练内容	配 分	扣分标准	得分
普通车床的变频调速改造	20 分	电路接线 5 分	
		参数设定 5 分	
		调试运行 10 分	
龙门刨床的刨台主运动与刀架变频调速改造	30 分	分析设计 5 分	
		电路接线 5 分	
		参数设定 5 分	
		调试运行 15 分	
安全生产	10 分	不合格不得分	
合计			

课后练习

1. 车床主拖动系统有哪些运动?
2. 如何选择车床主拖动系统用变频器的容量和控制方式?

3. 对变频器进行频率给定的方法有哪些？画出相应的控制电路。
4. 刨床刨台主运动的一个往复周期有哪些时段？
5. 简述应用变频器对龙门刨床刨台主运动进行改造的方法。
6. 刨床刀架变频调速系统由哪几部分组成？其中，PLC 主要完成哪些控制功能？

项目 6.4　变频器在中央空调节能改造中的应用

项目目标

1. 了解中央空调应用变频器的目的。
2. 会对变频器调速进行节能分析。
3. 掌握变频器的容量计算方法。
4. 掌握中央空调变频调速控制系统的调试方法。

相关知识

1. 中央空调应用变频器的目的

中央空调是楼宇里最大的耗电设备，每年的电费中空调耗电占 60% 左右。故对其进行节能改造具有重要意义。由于设计时，中央空调系统必须按天气最热、负荷最大的情况进行设计，并且要留 10%～20% 设计裕量，然而实际上绝大部分时间空调是不会运行在满负荷状态下，故存在较大的富余，所以节能的潜力就较大。其中，冷冻主机可以根据负载变化随之加载或减载，冷冻水泵和冷却水泵却不能随负载变化做出相应调节，故存在很大的浪费。水泵系统的流量与压差是靠阀门和旁通调节来完成，因此，不可避免地存在较大截流损失和大流量、高压力、低温差的现象，不仅浪费大量电能，而且还造成中央空调末端达不到合理效果的情况。为了解决这些问题，需使水泵随着负载的变化调节水流量并关闭旁通。

对水泵系统进行变频调速改造，根据冷冻水泵和冷却水泵负载的变化随之调整电动机的转速，以达到节能的目的，节能效果分析如下。

经变频调速后，水泵电动机转速下降，电动机从电网吸收的电能就会大大减少。其减少的功耗为

$$\Delta P = P_o \left[1 - \left(\frac{n_1}{n_o} \right)^3 \right]$$

减少的流量为

$$\Delta Q = Q_o \left[1 - \left(\frac{n_1}{n_o} \right) \right]$$

式中　n_1——改变后的转速；

n_o——电动机原来的转速;

P_o——电动机原转速下的电动机消耗功率;

Q_o——电动机原转速下所产生的水泵流量。

由上面两式可以看出流量的减少与转速减少的一次方成正比,但功耗的减少却与转速减少的 3 次方成正比。例如,假设原流量为 100 个单位,耗能也为 100 个单位,如果转速降低 10 个单位,由流量减少公式,即 $\Delta Q = Q_o[1-(n_1/n_o)] = 100 \times [1-(90/100)] = 10$,可得出流量改变了 10 个单位。但由功耗减少公式,即 $\Delta P = P_o[1-(n_1/n_o)^3] = 100 \times [1-(90/100)^3] = 27.1$,可得出功率将减少 27.1 个单位,即比原来减少 27.1%。

一般水泵采用的是 Y-△启动方式,电动机的启动电流均为其额定电流的 3~4 倍,一台 110 kW 的电动机其启动电流将达到 600 A,在如此大的电流冲击下,接触器、电动机的使用寿命大大下降,同时,启动时的机械冲击和停泵时的水锤现象,容易对机械零件、轴承、阀门、管道等造成破坏,从而增加维修工作量和备品、备件费用。

2. 中央空调的组成及工作原理

中央空调主要由冷冻主机、冷却水塔、冷却水循环系统、冷冻水循环系统、冷却风机等部分组成,其系统组成框图如图 6-30 所示。

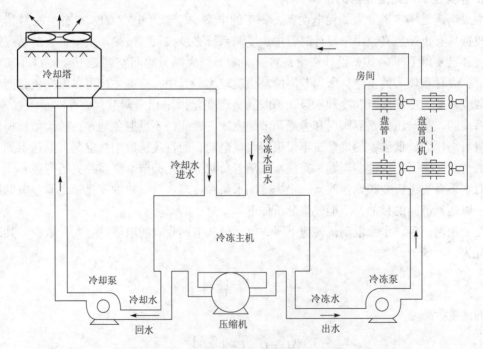

图 6-30 中央空调的系统组成方框图

(1) 冷冻主机。

冷冻主机也称为制冷装置,是中央空调的制冷源,通往各个房间的循环水由冷冻主机进行"内部热交换",降温为"冷冻水"。

(2) 冷却水塔。

冷冻主机在制冷过程中必然会释放热量,使机组发热。冷却塔用于为冷冻主机提供"冷却水"。冷却水在盘旋流过冷冻主机后,将带走冷冻主机所产生的热量,使冷冻主机降温。

(3) 冷冻水循环系统。

由冷冻泵及冷冻水管道组成。从冷冻主机流出的冷冻水由冷冻泵加压送入冷冻水管道,通过各房间的盘管,带走房间内的热量,使房间内的温度下降。同时,房间内的热量被冷冻水吸收,使冷冻水的温度升高。温度升高了的冷冻水经冷冻主机后又成为冷冻水,如此循环往复。这里,冷冻主机是冷冻水的"源";从冷冻主机流出的水称为"出水";经各楼层房间后流回冷冻主机的水称为"回水"。

(4) 冷却水循环系统。

冷却水循环系统由冷却泵、冷却水管道及冷却塔组成。冷却水在吸收冷冻主机释放的热量后,必将使自身的温度升高。冷却泵将升了温的冷却水压入冷却塔,使之在冷却塔中与大气进行热交换,然后再将降了温的冷却水送回到冷冻机组。如此不断循环,带走了冷冻主机释放的热量。

这里,冷冻主机是冷却水的冷却对象,是"负载",故流进冷冻主机的冷却水称为"进水";从冷冻主机流回冷却塔的冷却水称为"回水"。回水的温度高于进水的温度,以形成温差。

(5) 冷却风机。

有两种不同用途的冷却风机。

1) 盘管风机安装于所有需要降温的房间内,用于将由冷冻水盘管冷却了的冷空气吹入房间,加速房间内的热交换。

2) 冷却塔风机用于降低冷却塔中的水温,加速将"回水"带回的热量散发到大气中去。

可以看出,中央空调系统的工作过程是一个不断地进行热交换的能量转换过程。在这里,冷冻水和冷却水循环系统是能量的主要传递者。因此,对冷冻水和冷却水循环系统的控制便是中央空调控制系统的重要组成部分。两个循环水系统的控制方法基本相同。

3. 中央空调节能改造的方案

由于中央空调系统通常分为冷冻水和冷却水两个循环系统,可分别对水泵系统采用变频器进行节能改造。

(1) 冷冻水循环系统的闭环控制。

冷冻水循环系统的闭环控制原理如图 6-31 所示。控制原理说明如下:

通过温度传感器,将冷冻机的回水温度和出水温度送入温差控制模块,并计算出温差值,然后通过温度 A/D 模数转换成控制信号传送到 PLC,由 PLC 来控制变频器的输出频率,

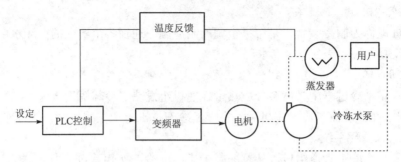

图 6-31　冷冻水循环系统的闭环控制原理

从而控制冷冻泵电机转速，调节出水的流量，控制热交换的速度。温差大，说明室内温度高系统负荷大，应提高冷冻水泵的转速，加快冷冻水的循环速度和流量，加快热交换的速度；反之，温差小，则说明室内温度低，系统负荷小，可降低冷冻水泵的转速，减缓冷冻水的循环速度和流量，减缓热交换的速度以节约电能。制冷模式下冷冻水泵系统冷冻回水温度大于设定温度时频率应上调；但在制热模式下，它与制冷模式有些不同，冷冻回水温度小于设定温度时频率应上调，当温度传感器检测到的冷冻水回水温度越高，变频器的输出频率越低。

（2）冷却水循环系统的闭环控制。

冷却水循环系统的闭环控制原理如图 6-32 所示。控制原理说明如下：

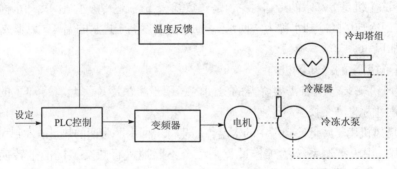

图 6-32　冷却水循环系统的闭环控制原理

由于冷冻机组运行时，其冷凝器的热交换能量是由冷却水带到冷却塔散热降温，再由冷却泵送到冷凝器进行不断循环的。冷却水进水、出水温差大，说明冷冻机组负荷大，需冷却水带走的热量大，应提高冷却泵的转速，加大冷却水的循环量；温差小，则说明冷冻机组负荷小，需带走的热量小，可降低冷却泵的转速，减小冷却水的循环量，以节约电能。

（3）电路设计。

应用三菱 FR-A540 变频器构成的冷冻或冷却水循环系统变频调速控制电路如图 6-33 所示。图中有 3 台水泵 M1、M2、M3，每次只运行两台，一台备用，10 天轮换一次。

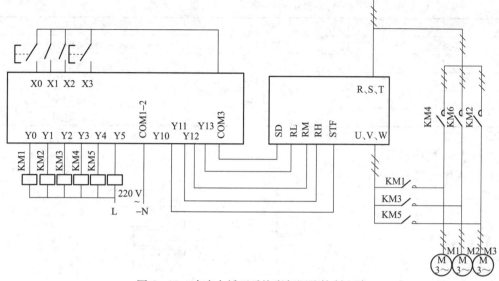

图 6-33 冷冻水循环系统变频调速控制电路

3 台水泵的切换方式如下：

1）先启动 1 号水泵（M1 拖动），进行恒温度（差）控制。

2）当 1 号水泵的工作频率上升至 50 Hz 时，将它切换至工频电源；同时将变频器的给定频率迅速降到 0 Hz，使 2 号水泵（M2 拖动）与变频器相接，并开始启动，进行恒温（差）控制。

3）当 2 号水泵的工作频率也上升至 50 Hz 时，也切换至工频电源；同时将变频器的给定频率迅速降到 0 Hz，进行恒温（差）控制。

当冷却或冷冻进（回）水温差超出上限温度时，1 号水泵工频全速运行，2 号水泵切换到变频状态高速运行，冷却或冷冻进（回）水温差小于下限温度时，断开 1 号水泵，使 2 号水泵变频低速运行。

4）若有一台水泵出现故障，则 3 号水泵（M3 拖动）立即投入使用。

（4）参数设置。

变频调速通过变频器的 7 段速度实现控制，需要设定的参数见表 6-19 和表 6-20。具体设定方法参见模块三。

表 6-19 7 段速参数

速度	1 速	2 速	3 速	4 速	5 速	6 速	7 速
参数号	Pr. 27	Pr. 26	Pr. 25	Pr. 24	Pr. 6	Pr. 5	Pr. 4
设定值	10	15	20	25	30	40	50

表 6-20 基本参数设置

参数号	设定值	意义
Pr. 0	3%	启动时的力矩
Pr. 1	50 Hz	上限频率
Pr. 2	10 Hz	下限频率
Pr. 3	50 Hz	基底频率
Pr. 7	5 s	加速时间

(5) PLC 程序梯形图。

PLC 程序梯形图如图 6-34 所示。

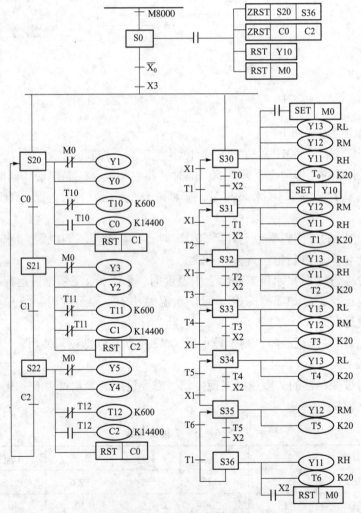

图 6-34 PLC 程序梯形图

技能训练

1. 训练内容

中央空调的变频调速改造

2. 训练步骤

（1）按照控制要求，安装控制电路。

按照图 6-33 所示，装接变频器控制电路。

（2）对变频器的功能进行预置。

按照控制要求，按照表 6-19、表 6-20 所示的参数，对变频器的参数进行逐一设置。

（3）输入 PLC 编制程序。

按照图 6-34 所示，输入 PLC 控制程序。

（4）系统调试。

结合实际情况进行现场调试，根据控制要求进行适当修改，以满足中央空调的控制要求。

3. 训练评估

训练评估表见表 6-21。

表 6-21 训练评估表

序号	要求	配分	等级	评分细则	得分
1	根据考核图进行电路接线	10 分	10 分	电路接线完全正确	
			8 分	电路接线错 1 处，能自行修改	
			5 分	电路接线错 2 处，能自行修改	
			0 分	电路接线错 2 处以上，或不能连接	
2	参数设定	10 分	10 分	参数设置完全正确	
			8 分	参数设置错 1 处	
			5 分	参数设置错 2 处	
			0 分	参数设置多处出错	
	程序编写	15 分	15 分	能够实现控制功能	
			10 分	基本实现控制功能	
			0 分	不能实现控制功能	
3	通电调试并记录测量	20 分	20 分	通电调试结果完全正确，测量完全正确	
			15 分	测试及测量错 1 处	

续表

序号	要求	配分	等级	评分细则	得分
3	通电调试并记录测量	20分	10分	测试及测量错2处	
			0分	通电调试失败，无法实测	
4	安全生产	5分	5分	安全文明生产，符合操作规程	
			4分	操作基本规范	
			3分	经提示后能规范操作	
			0分	不能文明生产，不符合操作规程	

课后练习

1. 简述中央空调系统的组成及工作原理。
2. 在中央空调中冷却水循环系统、冷冻水循环系统是如何来控制的？它的控制依据是什么？
3. 中央空调的改造方案步骤分别有哪些？
4. 用变频器改造中央空调后，除了可以节省大量的电能外还有哪些优点？

附录 A
三菱变频器 FR – A540 系列

日本三菱变频器是在我国应用较多的变频器之一。其特点是：功能设置齐全，编码方式简单明了，较易掌握。新系列的主要产品有 FR – A540 系列。

表 A – 1 功能参数表

功能	参数号	名　称	设定范围	最小设定单位	出厂设定
基本功能	0	转矩提升①	0% ~ 30%	0.1%	6%、4%、3%、2%⑧
	1	上限频率	0 ~ 120 Hz	0.01 Hz	120 Hz
	2	下限频率	0 ~ 120 Hz	0.01 Hz	0 Hz
	3	基底频率	0 ~ 400 Hz	0.01 Hz	50 Hz
	4	多段速度设定（高速）	0 ~ 400 Hz	0.01 Hz	60 Hz
	5	多段速度设定（中速）	0 ~ 400 Hz	0.01 Hz	30 Hz
	6	多段速度设定（低速）	0 ~ 400 Hz	0.01 Hz	10 Hz
	7	加速时间	0 ~ 3 600 s/0 ~ 360 s	0.1 s/0.01 s	5 s/15 s⑤
	8	减速时间	0 ~ 3 600 s/0 ~ 360 s	0.1 s/0.01 s	5 s/15 s⑤
	9	电子过电流保护	0 ~ 500 A	0.01 A	额定输出电流
标准运行功能	10	直流制动动作频率	0 ~ 120 Hz, 9999	0.01 Hz	3 Hz
	11	直流制动动作时间	0 ~ 10 s, 8888	0.1 s	0.5 s
	12	直流制动电压	0% ~ 30%	0.10%	4%/2%⑤
	13	启动频率	0 ~ 60 Hz	0.01 Hz	0.5 Hz
	14	适用负荷选择①	0 ~ 5	1	0
	15	点动频率	0 ~ 400 Hz	0.01 Hz	5 Hz

续表

功能	参数号	名称	设定范围	最小设定单位	出厂设定
标准运行功能	16	点动加/减速时间	0~3 600 s/0~360 s	0.1 s/0.01 s	0.5 s
	17	MRS 输入选择	0,2	1	0
	18	高速上限频率	120~400 Hz	0.01 Hz	120 Hz
	19	基底频率电压①	0~1 000 V, 8888,9999	0.1 V	9999
	20	加/减速参考频率	1~400 Hz	0.01 Hz	50 Hz
	21	加/减速时间单位	0,1	1	0
	22	失速防止动作水平	0%~200%, 9999	0.1%	150%
	23	倍速时失速防止动作水平补正系数	0%~200%, 9999	0.10%	9999
	24	多段速度设定(速度4)	0~400 Hz, 9999	0.01 Hz	9999
	25	多段速度设定(速度5)	0~400 Hz, 9999	0.01 Hz	9999
	26	多段速度设定(速度6)	0~400 Hz, 9999	0.01 Hz	9999
	27	多段速度设定(速度7)	0~400 Hz, 9999	0.01 Hz	9999
	28	多段速度输入补偿	0,1	1	0
	29	加/减速曲线	0,1,2,3	1	0
	30	再生制动使用率变更选择	0,1,2	1	0
	31	频率跳变1A	0~400 Hz, 9999	0.01 Hz	9999
	32	频率跳变1B	0~400 Hz, 9999	0.01 Hz	9999
	33	频率跳变2A	0~400 Hz, 9999	0.01 Hz	9999
	34	频率跳变2B	0~400 Hz, 9999	0.01 Hz	9999
	35	频率跳变3A	0~400 Hz, 9999	0.01 Hz	9999
	36	频率跳变3B	0~400 Hz, 9999	0.01 Hz	9999
	37	选择速度表示	0, 1~9998	1	0
输出端子功能	41	频率到达动作范围	0%~100%	0.1%	10%
	42	输出频率检测	0~400 Hz	0.01 Hz	6 Hz
	43	反转时输出频率检测	0~400 Hz, 9999	0.01 Hz	9999
第二功能	44	第二加/减速时间	0~3 600 s/0~360 s	0.1 s/0.01 s	5 s
	45	第二减速时间	0~3 600 s /0~360 s, 9999	0.1 s/0.01 s	9999

续表

功能	参数号	名　　称	设定范围	最小设定单位	出厂设定
第二功能	46	第二转矩提升①	0%～30%，9999	0.10%	9999
	47	第二 U/f（基底频率）①	0～400 Hz，9999	0.01 Hz	9999
	48	第二失速防止动作电流	0%～200%	0.10%	150%
	49	第二失速防止动作频率	0～400 Hz，9999	0.01	0
	50	第二输出频率检测	0～400 Hz	0.01 Hz	30 Hz
显示功能	52	DU/PU 主显示数据选择	0～20，22，23，24，25，100	1	0
	53	PU 水平显示数据选择	0～3，5～14，17，18	1	1
	54	FM 端子功能选择	1～3，5～14，17，18，21	1	1
	55	频率监视基准	0～400 Hz	0.01 Hz	50 Hz
	56	电流监视基准	0～500 A	0.01 A	额定输出电流
自动再启动功能	57	再启动自由运行时间	0，0.1～5 s，9999	0.1 s	9999
	58	再启动上升时间	0～60 s	0.1 s	1.0 s
附加功能	59	遥控设定功能选择	0，1，2	1	0
运行选择功能	60	智能模式选择	0～8	1	0
	61	智能模式参考电流	0～500 A，9999	0.01 A	9999
	62	加速时电流参考值	0%～200%，9999	0.10%	9999
	63	减速时电流参考值	0%～200%，9999	0.10%	9999
	64	提升模式启动频率	0～10 Hz，9999	0.01 Hz	9999
	65	再试选择	0～5	1	0
	66	失速防止动作降低开始频率	0～400 Hz	0.01 Hz	50 Hz
	67	报警发生时再试次数	0～10，101～110	1	0
	68	再试等待时间	0～10 s	0.1 s	1 s
	69	再试次数显示和消除	0		0
	70	特殊再生制动使用率	0%～15%/0%～30%/0%⑨	0.10%	0%

续表

功能	参数号	名称	设定范围	最小设定单位	出厂设定
运行选择功能	71	适用电动机	0~8, 13~18, 20, 23, 24	1	0
	72	PWM 频率选择	0~15	1	2
	73	0~5 V/0~10 V 选择	0~5, 10~15	1	1
	74	输入滤波器时间常数	0~8	1	1
	75	复位选择 IPU 脱离检测/IPU 停止选择	0~3, 14~17	1	14
	76	报警编码输出选择	0, 1, 2, 3	1	0
	77	参数写入禁止选择	0, 1, 2	1	0
	78	逆转防止选择	0, 1, 2	1	0
	79	操作模式选择	0~8	1	0
电动机参数	80	电动机容量	0.4~55 kW, 9999	0.01 kW	9999
	81	电动机极数	2, 4, 6, 12, 14, 16, 9999	1	9999
	82	电动机励磁电流[3]	0~9999	1	9999
	83	电动机额定电压	0~1 000 V	0.1 V	400 V
	84	电动机额定频率	50~120 Hz	0.01 Hz	9999
	89	速度控制增益	0~200%	0.10%	100%
	90	电动机常数（R1）[3]	0~9999		9999
	91	电动机常数（R2）[3]	0~9999		9999
	92	电动机常数（L1）[3]	0~9999		9999
	93	电动机常数（L2）[3]	0~9999		9999
	94	电动机常数（X）[3]	0~9999		9999
	95	在线自动调整选择	0, 1	1	0
	96	自动调整设定/状态	0, 1, 101	1	0
U/f 5 点可调特性	100	U/f_1（第一频率）[1]	0~400 Hz, 9999	0.01 Hz	9999
	101	U/f_1（第一频率电压）[1]	0~1 000 V	0.1 V	0
	102	U/f_2（第二频率）[1]	0~400 Hz, 9999	0.01 Hz	9999

续表

功能	参数号	名称	设定范围	最小设定单位	出厂设定
U/f 5 点可调特性	103	U/f_2（第二频率电压）①	0~1 000 V	0.1 V	0
	104	U/f_3（第三频率）①	0~400 Hz, 9999	0.01 Hz	9999
	105	U/f_3（第三频率电压）①	0~1 000 V	0.1 V	0
	106	U/f_4（第四频率）①	0~400 Hz, 9999	0.01 Hz	9999
	107	U/f_4（第四频率电压）①	0~1 000 V	0.1 V	0
	108	U/f_5（第五频率）①	0~400 Hz, 9999	0.01 Hz	9999
	109	U/f_5（第五频率电压）①	0~1 000 V	0.1 V	0
第三功能	110	第三加/减速时间	0~3 600 s /0~360 s, 9999	0.1 s/0.01 s	9999
	111	第三减速时间	0~3 600 s /0~360 s, 9999	0.1 s/0.01 s	9999
	112	第三转矩提升①	0%~30.0%, 9999	0.10%	9999
	113	第三 U/f（基底频率）①	0~400 Hz, 9999	0.01 Hz	9999
	114	第三失速防止动作电流	0%~200%	0.10%	150%
	115	第三失速防止动作频率	0~400 Hz	0.01 Hz	0
	116	第三输出频率检测	0~400 Hz, 9999	0.01 Hz	9999
通信功能	117	站号	0~31	1	0
	118	通信速率	48, 96, 192	1	192
	119	停止位长/字长	0, 1（数据长8） 10, 11（数据长7）	1	1
	120	有/无奇偶校验	0, 1, 2	1	2
	121	通信再试次数	0~10, 9999	1	1
	122	通信校验时间间隔	0, 0.1~999.8 s, 9999	0.1	0
	123	等待时间设定	0~150 ms, 9999	10 ms	9999
	124	有/无 CR, LF 选择	0, 1, 2	1	1
PID 功能	128	PID 动作选择	10, 11, 20, 21	1	10
	129	PID 比例常数	0.1%~1 000%, 9999	0.10%	100%

续表

功能	参数号	名称	设定范围	最小设定单位	出厂设定
PID 功能	130	PID 积分时间	0.1~3 600 s, 9999	0.1 s	1 s
	131	上限	0%~100%, 9999	0.10%	9999
	132	下限	0%~100%, 9999	0.10%	9999
	133	PU 操作时的 PID1 目标设定值	0~100%	0.01%	0%
	134	PID 微分时间	0.01~10.00 s, 9999	0.01 s	9999
工频切换选择	135	工频电源切换输出端子选择	0, 1	1	0
	136	接触器（MC）切换互锁时间	0~100 s	0.1 s	1.0 s
	137	启动等待时间	0~100 s	0.1 s	0.5 s
	138	报警时的工频电源/变频器切换选择	0, 1	1	0
	139	自动变频器/工频电源切换选择	0~60.00 Hz, 9999	0.01 Hz	9999
齿隙	140	齿隙加速停止频率⑥	0~400 Hz	0.01 Hz	1.00 Hz
	141	齿隙加速停止时间⑥	0~360 s	0.1 s	0.5 s
	142	齿隙减速停止频率⑥	0~400 Hz	0.01 Hz	1.00 Hz
	143	齿隙减速停止时间⑥	0~360 s	0.1 s	0.5 s
显示	144	速度设定转换	0, 2, 4, 6, 8, 10, 102, 104, 106, 108, 110	1	4
附加功能	148	在 0 V 输入时的失速防止水平	0%~200%	0.10%	150%
	149	在 10 V 输入时的失速防止水平	0%~200%	0.10%	200%
电流检测	150	输出电流检测水平	0%~200%	0.10%	150%
	151	输出电流检测时间	0~10 s	0.1 s	0
	152	零电流检测水平	0%~200.0%	0.10%	5.0%
	153	零电流检测时间	0~1 s	0.01 s	0.5 s
子功能	154	选择失速防止动作时电压下降	0, 1	1	1
	155	RT 信号执行条件选择	0, 10	1	0
	156	失速防止动作选择	0~31, 100		0

续表

功能	参数号	名称	设定范围	最小设定单位	出厂设定
子功能	157	OL 信号输出延时	0～25 s，9999	0.1 s	0
	158	AM 端子功能选择	1～3，5～14，17，18，21	1	1
附加功能	160	用户参数组读出选择	0，1，10，11	1	0
瞬时停电再启动	162	瞬停再启动动作选择	0，1		0
	163	再启动第一缓冲时间	0～20 s	0.1 s	0 s
	164	再启动第一缓冲电压	0%～100%	0.1%	0%
	165	再启动失速防止动作水平	0%～200%	0.10%	150%
初始化	170	电度表清零	0		0
监视器	171	实际运行时间清零	0		0
用户功能	173	用户第一组参数注册	0～999	1	0
	174	用户第一组参数删除	0～999，9999	1	0
	175	用户第二组参数注册	0～999		0
	176	用户第二组参数删除	0～999，9999	1	0
端子安排功能	180	RL 端子功能选择	0～99，9999	1	0
	181	RM 端子功能选择	0～99，9999	1	1
	182	RH 端子功能选择	0～99，9999	1	2
	183	RT 端子功能选择	0～99，9999	1	3
	184	AU 端子功能选择	0～99，9999	1	4
	185	JOG 端子功能选择	0～99，9999	1	5
	186	CS 端子功能选择	0～99，9999	1	6
	190	RUN 端子功能选择	0～199，9999	1	0
	191	SU 端子功能选择	0～199，9999	1	1
	192	IPF 端子功能选择	0～199，9999	1	2
	193	OL 端子功能选择	0～199，9999	1	3
	194	FU 端子功能选择	0～199，9999	1	4
	195	A，B，C 端子功能选择	0～199，9999	1	99

续表

功能	参数号	名称	设定范围	最小设定单位	出厂设定
附加功能	199	用户初始值设定	0~999, 9999	1	0
程序运行	200	程序运行分/秒选择	0, 2: 分钟, 秒 1, 3: 小时, 分	1	0
	201	程序设定 1 1~10	0~2: 旋转方向 0~400, 9999: 频率 0~99.59: 时间	1 0.1 Hz 分钟或秒	0 9999 0
	211	程序设定 2 11~20	0~2: 旋转方向 0~400, 9999: 频率 0~99.59: 时间	1 0.1 Hz 分钟或秒	0 9999 0
	221	程序设定 3 21~30	0~2: 旋转方向 0~400, 9999: 频率 0~99.59: 时间	1 0.1 Hz 分钟或秒	0 9999 0
	231	时间设定	0~99.59		0
多段速度运行	232	多段速度运行（速度 8）	0~400 Hz, 9999	0.01 Hz	9999
	233	多段速度运行（速度 9）	0~400 Hz, 9999	0.01 Hz	9999
	234	多段速度运行（速度 10）	0~400 Hz, 9999	0.01 Hz	9999
	235	多段速度运行（速度 11）	0~400 Hz, 9999	0.01 Hz	9999
	236	多段速度运行（速度 12）	0~400 Hz, 9999	0.01 Hz	9999
	237	多段速度运行（速度 13）	0~400 Hz, 9999	0.01 Hz	9999
	238	多段速度运行（速度 14）	0~400 Hz, 9999	0.01 Hz	9999
	239	多段速度运行（速度 15）	0~400 Hz, 9999	0.01 Hz	9999
子功能	240	柔性 PWM 设定	0, 1	1	1
	244	冷却风扇运行选择	0, 1	1	0
停止选择	250	停止方式选择	0~100 s, 9999	0.1 s	9999

续表

功能	参数号	名称	设定范围	最小设定单位	出厂设定	
掉电停机方式选择	261	掉电停机方式选择	0，1	1	0	
	262	起始减速频率降	0~20 Hz	0.01 Hz	3 Hz	
	263	起始减速频率	0~120 Hz，9999	0.01 Hz	50 Hz	
	264	掉电减速时间1	0~3 600 s /0~360 s，9999	0.1 s/0.01 s	5 s	
	265	掉电减速时间2	0~3 600 s /0~360 s，9999	0.1 s/0.01 s	9999	
	266	掉电减速时间转换频率	0~400 Hz	0.01 Hz	50 Hz	
选择功能	270	挡块定位/负荷转矩高速频率控制选择	0，1，2，3	1	0	
高速频率控制	271	高速设定最大电流	0%~200%	0.1%	50%	
	272	中速设定最大电流	0%~200%	0.1%	100%	
	273	电流平均范围	0~400 Hz，9999	0.01 Hz	9999	
	274	电流平均滤波常数	1~4 000	1	16	
挡块定位	275	挡块定位励磁电流低速倍率	0%~1 000%，9999	1%	9999④	
	276	挡块定位PWM载波频率	0~15，9999	1	9999④	
顺序制动功能	278	制动开始频率②	0~30 Hz	0.01 Hz	3 Hz	
	279	制动开启电流②	0%~200%	0.1%	130%	
	280	制动开启电流检测时间②	0~2 s	0.1 s	0.3 s	
	281	制动操作开始时间②	0~5 s	0.1 s	0.3 s	
	282	制动操作频率②	0~30 Hz	0.01 Hz	6 Hz	
	283	制动操作停止时间②	0~5 s	0.1 s	0.3 s	
	284	减速检测功能选择②	0，1	1	0	
	285	超速检测频率②	0.30 Hz，9999	0.01 Hz	999	
校准功能	900	FM端子校准				
	901	AM端子校准				
	902	频率设定电压偏置	0~10 V	0~60 Hz	0.01 Hz	0 V	0 Hz
	903	频率设定电压增益	0~10 V	1~400 Hz	0.01 Hz	5 V	50 Hz

续表

功能	参数号	名称	设定范围		最小设定单位	出厂设定	
校准功能	904	频率设定电流偏置	0~20 mA	0~60 Hz	0.01 Hz	4 mA	0 Hz
	905	频率设定电流增益	0~20 mA	1~400 Hz	0.01 Hz	20 mA	50 Hz
附加功能	990	蜂鸣器控制	0,1		1	1	

注：① 表示当选择先进磁通矢量控制模式时，忽略该参数设定。

② 当 Pr. 80、Pr. 81 9999 且 Pr. 60 = 7 或 8 时可以设定。

③ 当 Pr. 80、Pr. 81 9999 且 Pr. 77 = 801 时可以存取。

④ 当 Pr. 270 = 1 或 3 且 Pr. 80、Pr. 81≠9999 时可以存取。

⑤ 此设定由变频器容量决定。

⑥ Pr. 29 = 3 时可以存取。

⑦ 表中有底纹的参数，当 Pr. 77 设定为 0（出厂设定）时，即使在运行中也可以改变其设定（注意 Pr. 72 和 Pr. 240 不能在外部运行模式下改变）。

⑧ 此设定由变频器容量决定：(0.4 kW)/(1.5~3.7 kW)/(5.5,7.5 kW)/(11 kW)。

⑨ 此设定由变频器容量决定：(0.4~1.5 kW)/(2.2~7.5 kW)/(11 kW 以上)。

表 A-2　三菱变频器报警码

操作面板显示 FR-DU04	参数单元 FR-PU04	名称		说明
E. OC1	OC During Acc	加速时	过电流断路	当变频器输出电流达到或超过大约额定电流的200%时，保护回路动作，停止变频器输出
E. OC2	Steady Spd OC	定速时		
E. OC3	OC During Dec	减速时		
E. OV1	OV During Acc	加速时	再生过电压断路	如果来自运行电动机的再生能量使变频器内部直流主回路电压上升达到或超过规定值，保护回路动作，停止变频器输出，也可能是由电源系统的浪涌电压引起的
E. OV2	Steady Spd 0 V	定速时		
E. OV3	OV During Dec	减速时停止时		
E. THM	Motor Overload	过负荷断路（电子过电流保护）①	电动机	变频器的电子过电流保护功能检测到由于过负荷或定速运行时，冷却能力降低引起的电动机过热。当达到预设值的85%时，预报警（显示 TH）发生。当达到规定值时，保护回路动作，停止变频器输出。当像多极电动机类的特殊电动机或两台以上电动机运行时，不能用电子过电流保护功能保护电动机，需在变频器输出回路安装热继电器

续表

操作面板显示 FR-DU04	参数单元 FR-PU04	名 称		说 明
E.THT	Inv. Overload	过负荷断路（电子过电流保护）①	变频器	如果电流超过额定输出电流的150%而未发生过电流断路（OC）（200%以下），反时限特性使电子过电流保护动作，停止变频器的输出（过负荷延时：150%，60 s）
E.IPF	In st. Pwr. Loss	瞬时停电保护②		停电（变频器输入电源断路也一样）15 ms时，此功能动作，停止变频器输出，以防止控制回路误动作。同时，报警输出接点，打开（B-C）和闭合（A-C）②。如果停电时间持续超过100 ms，报警不输出，如果电源恢复时，启动信号是闭合的，变频器将再启动（如果瞬时停电在15 ms以内，控制回路仍然运行）
E.U VT	Under Voltage	低电压保护		如果变频器电源电压降低，控制回路将不能正常动作，导致电动机转矩降低或发热增加，因此，如果电源电压降至150 V（对于400 V系列大约为300 V），此功能停止变频器输出。当P-P1间无短路片时，低电压保护功能也动作
E.FIN	H/Sink O/Temp	散热片过热		如果散热片过热，温度传感器动作使变频器停止输出
FN	Fan Failure	风扇故障		变频器内含一冷却风扇，当冷却风扇由于故障或运行与Pr. 244"冷却风扇运行选择"的设定不同时，操作面板上显示同，并且输出风扇故障信号（FAN）和轻微故障信号（IJ）
E.BE	Br. Cct Fault	制动晶体管报警		由于制动晶体管损坏使制动回路发生故障，此功能停止变频器输出。在此情况下，变频器电源必须立刻关断
E.GF	Ground Fault	输出侧接地故障过电流保护		如果在变频器输出（负荷）侧发生接地故障和对地有漏电流时，此功能停止变频器的输出，在低接地电阻时发生接地故障，可能过电流保护（E.OC1~E.OC3）动作

续表

操作面板显示 FR－DU04	参数单元 FR－PU04	名　称	说　明
E. OHT	OH Fault	外部热继电器动作③	为防止电动机过热，外部继电器或电动机内部安装的温度继电器断开，这类接点信号进入变频器使其停止输出。如果继电器接点自动复位，变频器只有在复位后才能重新启动
E. OL	Stall Prev STP （失速防止动作时显示 OL）	加速时	如果电流超过变频器额定输出电流，此功能降低输出频率使负载电流减小，以防止变频器出现过电流跳闸。当负载电流降到150%④以下后，此功能再增大频率使变频器加速到达设定频率
		恒速运行时	如果电流超过变频器额定输出电流，此功能降低输出频率使负载电流减小，以防止变频器出现过电流跳闸。当负载电流降到150%④以下后，此功能再增大频率到达设定频率
		减速运行时	如果电动机再生能量超过制动能力，此功能增大频率以防止过电压跳闸。如果电流超过变频器额定输出电流，此功能增大输出频率使负载电流减小，以防止变频器出现过电流跳闸。当负载电流降到150%④以下后，此功能再降低频率
E. OPT	Option Fault	选件报警	如果变频器内置专用选件由于设定错误或连接（接口）故障将停止变频器输出，当选择了提高功率因数转换器时，如果将交流电源连接到 R、S、T 端，此报警也会显示
E. PE	Corrupt Memory	参数错误	如果存储参数设定时发生 E^2PROM 故障，变频器将停止输出
E. PUE	PU Leave Out	PU 脱出发生	当在 Pr. 75"复位选择/PU 脱出检测/PU 停止选择"中设定 2、3、16 或 17，如果变频器和 PU 之间的通信发生中断，如操作面板或参数单元脱出，此功能将停止变频器的输出。当 Pr. 121 的值设定为"9999"用 RS－485 通过 PU 接口通信时，如果连续发生通信错误次数超过允许再试次数，此功能将停止变频器的输出。如果通信停止时间达到 Pr. 122 设定的时间，此功能将停止变频器的输出

续表

操作面板显示 FR-DU04	参数单元 FR-PU04	名 称	说 明
E. RET	Retry No Over	再试次数超出	如果在再试设定次数内运行没有恢复,此功能将停止变频器的输出
E. LF		输出相断开保护	当变频器输出侧三相(U、V、W)中有一相断开时,此功能停止变频器的输出
E. CPU	CPU Fault	CPU 错误	如果内置 CPU 算术运算在预定时间内没有结束,变频器自检将发出报警并停止输出
E. P24		直流 24 V 电源输出短路	当从 PC 端子输出的直流 24 V 电源被短路,此功能切断电源输出,同时,所有外部接点输入关断,通过输入 RES 信号不能复位变频器。需要复位时,用操作面板复位或关断电源,重新合闸
E. CTE		操作面板电源短路	当操作面板电源(PU 接口的时 P5S)短路时,此功能切断电源输出,同时,不能用操作面板(参数单元)和通过 PU 接口用 RS-485 通信进行复位。需要复位时,输入 RES 信号或关断电源,重新合闸
		制动电阻过热保护	7.5 kW 以下的变频器内含有一制动电阻,当来自电动机的再生制动率达到规定值的 85%时,预报警(RB 指示)发生。如果超过规定值,制动暂时停止动作,防止电阻过热
E. MB1 ~ E. MB7		顺序制动错误	如果在使用顺序制动功能时发生顺序错误,此功能将停止变频器的输出

注:① 如果变频器复位,电子过流保护的内部积算数据将被初始化。

② 如果瞬时停电发生时,没有报警显示和输出,这是变频器为防止自身不正常时而进行的保护。根据运行状态(负荷的大小,设定的加减速时间等),再来电时,过电流保护有可能动作。

③ 仅当 Pr. 180 ~ Pr. 186 中任一个设定为"OH"时,外部热继电器动作才有效。

④ 可以任意设置失速防止动作电流。出厂时设定为 150%。

表 A-3　三菱变频器报警后的对策

操作面板的显示	检查点	处理	故障程度 重	故障程度 轻
E. OC1	加速是否太快？检查是否输出短路或接地	增加加速时间	0	
E. OC2	负荷是否突变？检查是否输出短路或接地	保持负荷稳定	0	
E. OC3	减速是否太快？检查是否输出短路或接地电动机机械抱闸动作太快	增加减速时间，检查抱闸动作	0	
E. OV1	加速是否太快	增加加速时间	0	
E. OV2	负荷是否突变	保持负荷稳定	0	
E. OV3	减速是否太快	增加减速时间（设定与负荷 GD^2 相应的减速时间），降低制动率	0	
E. TIM	是否过负荷使用电动机	减轻负荷，增加变频器和电动机的容量	0	
E. THT			0	
E. IPE	检查瞬时停电的原因	恢复电源	0	
E. UVF	是否大容量电动机启动？P-P1 间的短路片或直流电抗器是否连接	检查供电系统，连接 P-P1 端子间的跳线或直流电抗器	0	
E. FIN	环境温度是否太高	将环境温度调整到规定的范围内	0	
E. BE	制动率是否正确	减小负荷 GD^2，降低制动率	0	
E. GF	检查电动机或电缆是否对地故障	解决接地故障	0	
E. OHT	检查电动机是否过热	降低负荷和运行频度	0	
E. OLT	是否过负荷使用电动机	减轻负荷，增加变频器和电动机的容量	0	
E. OPT	检查选件接口是否松脱	可靠连接	0	
E. PE	输入参数的次数是否太多	更换变频器	0	
E. PUE	是否没有插牢 DU 或 PU	可靠安装 DU 或 PU	0	
E. RET	检查报警发生的原因		0	
E. LF	检查断开的输出相	检修断开相序	0	

续表

操作面板的显示	检 查 点	处 理	故障程度 重	故障程度 轻
E. CPU	检查松脱的接口	更换变频器，可靠连接	○	
E. P24	检查 PC 端子是否短路	修复短路	○	
E. CT′E	检查 PU 连接电缆是否短路	检查 PU 和电缆	○	
FN	冷却风扇是否正常	更换风扇		○
E. MB1 ~ E. MB7	检查抱闸顺序是否正常		○	
PS	外部运行时是否使用了操作面板的[STOP]键进行停止	检查负荷状态		
RB	制动电阻使用是否过于频繁	增加减速时间		
TH	是否负荷过大？是否突然加速	减小负荷量或频繁运行		
OL	电动机是否在过负荷情况下使用？是否突然减速？	减轻负荷，降低抱闸频率		

表 A－4　400 V 系列规格型号

型号 FR－A540－□□K－CH		0.4	0.75	1.5	2.2	3.7	5.5	7.5	11	15	18.5	22	30	37	45	55
适用电动机容量（kW）①		0.4	0.75	1.5	2.2	3.7	5.5	7.5	11	15	18.5	22	30	37	45	55
输出	额定容量（kVA）②	1.1	1.9	3	4.6	6.9	9.1	13	17.5	23.6	29	32.8	43.4	54	65	84
输出	额定电流（A）	1.5	2.5	4	6	9	12	17	23	31	38	43	57	71	86	110
输出	过载能力③	150% 60 s，200% 0.5 s（反时限特性）														
输出	电压④	三相，380 ~ 480 V，50 Hz/60 Hz														
再生制动转矩	最大值允许使用率	100% 转矩·2% ED					20% 转矩·连续⑤									

续表

电源	额定输入交流电压、频率	三相，380～480 V、50 Hz/60 Hz											
	交流电压允许波动范围	323～528 V、50 Hz/60 Hz											
	允许频率波动范围	±5%											
电源容量（kVA）[6] || 1.5	2.5	4.5	5.5	9	12	17	20	28	34	41	52	55	80	100
保护结构（JEM1030）		封闭型（IP20 NEMAl）[7]									开放型（IP00）			
冷却方式		自冷				强制风冷								
大约重量（kg），连同 DU || 3.5	3.5	3.5	3.5	6.0	6.0	13.0	13.0	13.0	13.0	24.0	35.0	35.0	36.0

注：① 表示适用电动机容量是以使用三菱标准 4 极电动机时的最大适用容量。
② 额定输出容量是指假定 400 V 系列变频器输出电压为 440 V。
③ 过载能力是以过电流与变频器的额定电流之比的百分数（%）表示的。反复使用时，必须等待变频器和电动机降到 100% 负荷时的温度以下。
④ 最大输出电压不能大于电源电压，在电源电压以下可以任意设定最大输出电压。但是，变频器输出侧电压的峰值为直流电压的水平。
⑤ 短时间额定为 5 s。
⑥ 电源容量随着电源侧的阻抗（包括输入电抗器和电线）的值而变化。
⑦ 取下选项用接线口，装入内置选项时，变为开放型（IP00）。

表 A–5　外部放置型选件

名称	型号	用途、规格等	适用变频器
参数单元（8 种语言）	FR–PU04	LCD 显示的对话式参数单元（可选用日语、英语、德语、法语、西班牙语、意大利语、瑞典语和芬兰语）	适用于所有型号
参数单元连接电缆	FR–CR2□□	操作面板或参数单元的连接电缆	
外设散热片配件	FR–A5CN□□	借助于使用这一选件，可以仅将变频器的发热部分移到控制板的背面	1.5～55 kΩ，根据容量

续表

名称	型号	用途、规格等	适用变频器
全封闭结构配件	FR-A5C V□□	借助于使用这一选件，可以对应于全封闭规格（IP40）	0.4~22 kΩ，根据容量
电线管连接用配件	FR-A5FN□□	用于直接连接导线套管	30~55 kΩ，根据容量
安装互换配件	FR-A5AT□□	为了使其与以前的机种有相同的安装尺寸而使用的安装板	0.4~55 kΩ，根据容量
EMC规格认可的噪声滤波器③	SF□□	符合EMC规格的噪声滤波器（EN50081-2）	0.4~55 kHz，根据容量
高频制动电阻	FR-ABR-(H)□□①	用于改善变频器内部的制动能力	0.4~7.5 kΩ，根据容量
浪涌电压抑制滤波器	FR-ASF-H□□	抑制变频器输出侧的浪涌电压	0.4~55 kHz，根据容量
改善功率因数用直流电抗器	FR-BEL-(H)□□①	用于改善变频器的输入功率因数（综合功率因数约为95%）和电源配合使用	0.4~55 kΩ，根据容量
改善功率因数用交流电抗器	FR-BAL-(H)□□①	用于改善变频器的输入功率因数（综合功率因数约为90%）和电源配合使用	0.4~55 kΩ，根据容量
线电噪声滤波器	FR-BIF-(H)□□①	用于降低无线电噪声	适用于所有型号
线噪声滤波器	FR-BSF01	用于降低线噪声（适用于3.7 kW以下）	
	FR-BLF	用于降低线噪声	
BU制动单元	BU-1500至15K H7.5K至H30K	用于改善变频器的制动能力（用于大惯性负荷或逆向性负荷）	根据容量
制动单元	FR-BR-15K至55K，H15K至55K	用于改善变频器的制动能力（用于大惯性负荷或逆向性负荷）。制动单元和制动电阻一起使用	
制动电阻	FR-BR-15K至55K，H15K至55K		

续表

名称	型号	用途、规格等	适用变频器
能量回馈单元	FR – RC – 15K 至 55K, H15K 至 55K	可将电动机产生的制动能量再生后回馈到电网的节能型高性能制动单元	根据容量
提高功率因数整流器	FR – HC7.5K 至 55K, H7.5K 至 H55K	提高功率因数,整流器切换整流电路到整流输入,电流波形为正弦波,对于抑制谐波非常有效(与标准附件一起使用)	
手动控制箱	FR – AX④	单独运行用,带频率表,频率设定电位器,启动开关	适用于所有型号
联动设定操作箱	FR – AL④	借助外部信号(0~5 VDC, 0~10 VDC)联动运行(1 VA)②	
3速设定箱	FR – AT④	高、中、低三速切换运行(1.5 VA)	
遥控设定箱	FR – FK④	用于远距离操作,可以从多个地方进行操作(5 VA)	
比率设定箱	FR – FH④	用于比率运行,可以设定5台变频器的比率(3 VA)	
跟踪设定箱	FR – FP④	利用测速发电动机(PG)的信号,实行跟踪运行(2 VA)	
主速设定箱	FR – FG④	多台(最多35台)变频器并列运行用主速设定器(5 VA)	
软启动设定箱	FR – FC④	用于软启动、停止。可并列加/减速(3 VA)	
位移检测器	FR – FD④	同速运行用与位移检测器、自整角机组合使用(5 VA)	
前置放大器箱	FR – FA④	可以作为A/V变换或运算放大器使用(3 VA)	
测速发电机	QVAH – 10④	用于随动运行。(70/35VAC 500 Hz、2 500 r/min)	

续表

名称	型号	用途、规格等	适用变频器
位移检测器	YVGC – 500 W – NS④	用于同步运行（检测机械位移）。输出 90VAC/90°	适用于所有型号
频率设定电位器	WA2 W1 kΩ④	用于设定频率。绕线型 2 W 1 kΩ，B 特性	
频率表	YM206RllmA④	专用频率表（刻度可达 120 Hz）。动圈式直流电流表	
校正用电阻	RV24Yn10 kΩ④	用于校正频率表的刻度。炭膜式，B 特性	
变频器设置软件	FR – SWO – SETUP – WE	支持从变频器的启动至维护的每一步（FR – SWO – SETUP – WJ 是日本版）	

注：① 400 V 系列在型号上附有"H"。FR 系列操作，设定箱的电源规格为 200VAC 50 Hz, 200 V/220VA 60 Hz, 115VAC 60 Hz。
② 额定损耗功率。
③ 安装变频器用的互换配件（FR – A5AT□□），有些型号例外。
④ 仅可用于日本国内规格的选件。

表 A – 6 内置专用选件①

名称	型号	功　能
12 位数字输入	FR – A5AX	• 用于 3 位 BCD 或 12 位二进制编码的数字型高精度设定变频器的输入接口 • 可以调整增益、偏置
数字输出	FR – A5AY	• 此选件可从变频器 26 个标准输出信号任选 7 个信号从集电极开路输出
扩展模拟量输出		• 可输出监视 AM 端子以外的 16 个信号，如输出频率 • 可连接 20 mADC 或 5 V（10 V）DC 表
继电器输出	FR – A5AR	• 此选件可从变频器 26 个标准输出信号任选 3 个信号从继电器输出

续表

名称		型号	功　能
定位控制，PLG 输出③		FR - A5AP	• 与安装于工作机械主轴的位移检测器（旋转编码器）组合使用，可以使主轴停止在指定位置（定位控制） • 用旋转编码器检测电动机的旋转速度，将这个检测信号反馈给变频器，自动地补偿速度的变化。因此，即使发生负荷波动，也可以保持电动机速度的稳定 • 可以用操作面板和参数单元对当前主轴位置和实际电动机速度进行监视
脉冲串输出			• 可以用脉冲串信号向变频器输入速度指令
通信	计算机网络	FR - A5NR	• 通过计算机用户程序，如个人计算机或 FA 控制器用通信电缆连接对变频器进行操作/监视/参数更改 • 用于双绞线抗噪声通信系统
	继电器输出		• 能够从变频器本身的标准装备输出信号中任选一种作为继电器接点（1c 接点）进行输出
	Profibus DP	FR - A5NP	• 通过计算机或 PLC 对变频器进行操作/监视/参数更改
	DevieeNetTM	FR - A5ND	• 通过计算机或 PLC 对变频器进行操作/监视/参数更改
	CC - Link②	FR - A5NC	• 通过 PLC 对变频器进行操作/监视/参数更改
	Modbus Plus	FR - A5NM	• 通过计算机或 PLC 对变频器进行操作/监视/参数更改

注：① 可同时安装 3 块内置选件（相同的选件只能安装一块，通信选件也只能安装一块）。

② CC - Link 是 Control&Communication Link 的简称。

③ 定位控制时，若从外部输入停止位置指令，需要 FR - A5AX（12 位数字输入）。

附录 B 森兰变频器

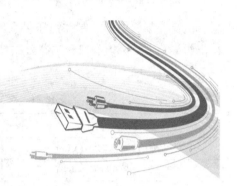

森兰变频器在国内应用比较普遍，享有较高的声誉。其产品有 SB80、SB61、SB60、BT40、BT12S、SB12、SB207 大系列低压变频器和 SLANVERT 系列高压变频器，现对森兰 SB80 和 SB60 系列简介如下。

1. 森兰 SB80 工程型变频器

SB80 Prodrive 系列变频器是最新推出的高性能工程型矢量控制变频器，其各项性能指标均处于业界领先水平。该系列变频器分 A 型和 B 型，其中 A 型为高级型；B 型为基本型。A 型机比 B 型机增加了现场总线接口、注塑机接口，以及张力/卷绕控制和电梯控制功能。

（1）SB80 工程型变频器的特点。

1）全系列内置直流电抗器，功率因数不小于 0.94，电源输入谐波小，并能有效削弱浪涌电压和干扰的影响，延长变频器主电路元器件的寿命。

2）通过公共直流母线可实现逆变回馈功能。

3）2.2~15 kW 内置制动单元。

4）采用超高性能的 32 位 150MIPS 电动机控制专用数字信号处理器（DSP）和我国自主开发的实时嵌入式操作系统软件。

5）采用精确磁通观测器的转子磁场定向有速度和无速度传感器矢量控制算法。

6）全面可靠地保护和故障自诊断。

7）可储存 3 套电动机参数及其控制参数。

8）静止、空载旋转和带载旋转 3 种电动机参数自整定方式。

（2）应用领域。

SB80 是一个真正的万能装置，应用极其广泛。这主要得益于它的模块化设计及多种选件。SB80 的模块有通用功能模块和行业专用功能模块。通用功能模块包括 PID 控制，PLC 控制、多段速、节能运行等；行业专用功能模块包括转矩控制、纺织应用、张力与卷绕控制、位置控制、电梯控制和恒压供水等,根据行业需求提供解决平台。

(3) 森兰 SB80 系列变频器公共技术规范。

见表 B-1。

表 B-1 森兰 SB80 系列变频器公共技术规范

项目		规格								
适配电动机容量(kW)		2.2	3.7	5.5	7.5	11	15	18.5	22	…	90	110
型号(SB80A/1B-4T)		0022	0037	0055	0075	0110	0150	0185	0220	…	0900	1100
输出容量(kVA)		4.1	6.8	9.9	11	18	22	29	34	…	134	160
输出电流(A)		5.5	9	13	18	24	30	39	45	…	176	210
输出电压(V)		三相 0~440(最大输出电压与输入电压相同)
过载能力		150% 额定电流 2 min;180% 额定电流 20 s;250% 额定电流 2 s
能耗制动	制动回路	内置制动单元	选用外部制动单元和电阻器
	制动电阻器	外接制动电阻器	
输入电源	主回路	三相 320~440 V,50/60 Hz
	控制回路	主回路供电	三相或单相 300~500 V,50/60 Hz
	允许变动范围	电压:380 V 额定电压 ±15%,频率 ±5%
防护等级		IP20
工作环境温度(℃)		-10~+50
冷却方式		强制风冷
EMI 滤波器		外部选用件

(4) 森兰 SB80 系列变频器技术指标及其规格。

见表 B-2。

表 B-2 森兰 SB80 系列变频器技术指标及其规格

项目	技术指标及规格
电源输入	三相 320~440 V,47~63 Hz;电压失衡率 <3%,畸变率满足 IEC61800-2 标准
输出电压	三相 0~440 V(最大输出电压与输入电压相同),误差 <5%
输出频率范围	0.00~650.00 Hz
输入功率因数	≥0.94
变频器效率	45 kW 及以下 ≥94%,55 kW 及以上 ≥96%
过载能力	150% 额定电流 2 min,180% 额定电流 20 s,250% 额定电流 2 s
合闸冲击电流	小于额定输入电流

续表

项目	技术指标及规格
电机控制模式	无 PG U/f 控制；有 PG U/f 控制；无 PG 速度矢量控制；有 PG 速度矢量控制；无 PG 转矩矢量控制；有 PG 转矩矢量控制；U/f 分离控制
载波频率	2.2~3.7 kW；1~16 kHz（出厂设置 8 kHz）；45~10 kW；1~12 kHz（出厂设置 3 kHz）
速度控制范围	1∶100（无 PG 矢量控制，额定负载）；1∶1 000（有 PG 矢量控制，额定负载）
稳态转速精度	≤1% 额定转速（无 PG 矢量控制），≤0.02% 额定转速（有 PG 矢量控制）
启动转矩	80% 额定转矩，0.50 Hz
给定频率分辨率	模拟给定：12 位绝对值 + 符号位；数字给定：0.01 Hz
输出频率精度	模拟给定：±0.2% 最大频率（25 ℃ ±10 ℃）；数字给定：±0.01% 最大频率（-10~40 ℃）
能耗制动能力	15 kW 及以下功率等级内置制动单元，使用外置制动电阻。制动使用率：0.0%~100%
直流制动能力	起始频率：0.00~60.00 Hz；制动时间：0.1~60.0 s；制动电流：0.0%~150.0% 额定电流
频率给定方式	操作面板给定；端子 MOP 给定；上位机通信给定；A10~A12 模拟输入给定；PF1 脉冲频率给定
操作面板	5 位 8 段 LED 数码管显示；8 个按键；4 个单位指示灯；3 个状态指示灯 LED 显示屏（选件）可显示中英文参数信息
通信	标准配置 RS-485 接口，最大波特率 500 kb/s，最多并联 32 台，多种通信协议 标准 RS-232 接口（A 型机或 B 型机 + 扩展板） CAN 总线接口（A 型机或 B 型机 + 扩展板），支持 DEVICE.NET
基本功能模块	内置 PID、PLC、比较器、逻辑单元、定时器、多段速、多种 U/I 曲线、多套加减速时间、两条 S 曲线、自动节能功能、AVR、自动转矩提升、自动限流、自动载频调整、随机 PWM、点动、零伺服、下垂机械特性控制、瞬时停电处理等
客户化功能模块	纺织摆频、位置控制、恒压供水控制、张力和卷绕控制、电梯控制
平均无故障时间（MTBF）	50 000 h（25 ℃）
防护等级	IP20
冷却方式	强制风冷

2. 森兰 SB60 系列变频器

森兰"全能王"SB60 系列变频器是一种通用数字变频器，它由高性能数字信号处理器（DSP）控制，功能齐全，操作方便。

1）森兰"全能王"SB60 系列变频器基本配线如图 B-1 所示。主回路端子排列如图 B-2 所示，控制回路端子排列如图 B-3 所示。

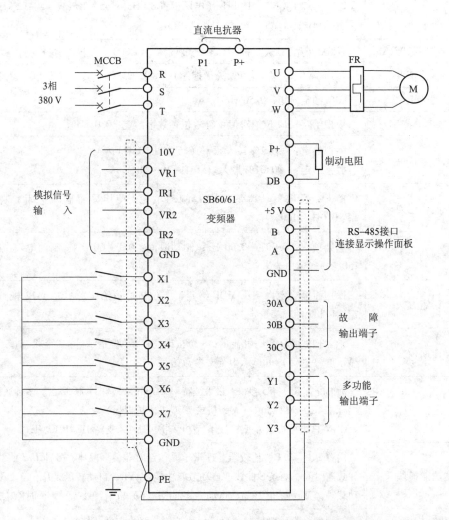

图 B-1 森兰"全能王"SB60 系列变频器基本配线图

注：① 变频器出厂时 P1、P+ 之间接短接片，在需要提高功率因数时，请去掉短接片，在 P1、P+ 之间接直流电抗器。

② 图中 R、S、T、U、V、W、P1、P+、DB、PE 为主回路端子，其余为控制回路端子。

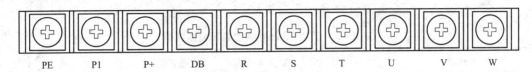

图 B-2 主回路配线端子

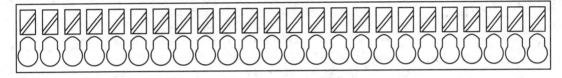

图 B-3 控制回路配线端子

2) 森兰 SB60G 系列变频器型号规格见表 B-3。SB60P 系列变频器型号规格见表 B-4。

表 B-3 森兰 SB60G 系列变频器型号规格

SB60G		0.75	1.5	2.2	4	5.5	7.5	11
电机容量（kW）		0.75	1.5	2.2	4	5.5	7.5	11
输出	额定容量（kVA）	1.6	2.4	3.6	6.4	8.5	12	16
	额定电流（A）	2.5	3.7	5.5	9.7	13	18	24
	电压（V）	0~380 V　　0~400 Hz							
	过载能力	150%　　1 min							
	输入电源	3 相 380 V　　50/60 Hz							

表 B-4 森兰 SB60P 系列变频器型号规格

SB60P		1.5	2.2	4	5.5	7.5	11	15
电机容量（kW）		1.5	2.2	4	5.5	7.5	11	15
输出	额定容量（kVA）	2.4	3.6	6.4	8.5	12	16	20
	额定电流（A）	3.7	5.5	9.7	13	18	24	30
	电压（V）	0~380 V　　0~400 Hz							
	过载能力	120%　　1 min							
	输入电源	3 相 380 V　　50/60 Hz							

3)森兰 SB60 系列变频器公共规范见表 B-5。

表 B-5 森兰 SB60 系列变频器公共规范

控制	调制方式	磁场定向矢量控制 PWM 方式
	控制模式	2 种 U/f 控制模式：U/f 开环控制模式和 U/f 闭环控制模式 2 种矢量控制模式：无速度传感器矢量控制模式和 PG 速度传感器矢量控制模式
	U/f 曲线比	线形和任意 U/f 曲线，用户最多可设置 6 段 U/f 曲线
	频率设定方式	4 种主给定和 4 种辅助给定，主给定和辅助给定叠加同时控制； 模拟给定 VR1、VR2、IR1、IR2 通过 RS-485 上位机给定
	加、减速控制	8 种加减速时间，0~3 600 s，可选择直线或 S 曲线模式
	程序运行模式	5 种程序运行模式，15 段频率速度
	附属功能	上限频率、下限频率、回避频率、电流限制、失速控制、自动复位、自动节能运行、自动稳压、瞬停再启动
运行	运转命令给定	面板给定 多功能外控端子 X1~X7 给定 通过 RS-485 上位机给定
	输入信号	多功能外控端子 X1~X7 输入
	输出信号	多功能输出 Y1~Y3，DC 24 V/50 mA 多功能继电器输出 30A、30B、30C，AC 220 V/1A
	制动功能	外接制动电阻：SB 60G0.75~11 kW，SB 60P1.5~15 kW 外接制动单元和制动电阻：SB 61G15~315 kW SB 61P18.5~315 kW
	保护功能	过流、短路、接地、过压、欠压、过载、过热、缺相、外部报警
环境	使用场所	室内，海拔 1 000 m 以下
	环境温度/湿度	-10~40℃/20%~90% RH 不结露
	振动	5.9 m²/s（0.6 G）以下
	保存温度	-20~60 ℃
	冷却方式	强制风冷
	防护等级	IP20

4) 森兰 SB60/SB61 系列变频器功能参数见表 B-6。

表 B-6 森兰 SB60/SB61 系列变频器功能参数

分类	代码	功能名称	设定范围	更改	出厂值
基本功能	F000	频率给定	0.10 ~ 400.0 Hz	○	50.00 *
	F001	频率给定模式	0. 主、辅给定设定频率 1. 主、辅给定和 X4、X5 设定频率，存储 ΔF 2. 主、辅给定和 X4、X5 设定频率，不存储 ΔF 3. 主、辅给定和 X4、X5 设定频率，停电或掉电时 $\Delta F = 0$ 4. 上电时，频率由 F000 给定，不存储面板 UP/DOWN 键修改的频率，只能修改 F000 设定频率 5. 上位机设定频率	×	0
	F002	主给定信号	0. F000 1. 面板电位器 2. VR1 3. IR1	×	0
	F003	辅助给定信号	0. VR1 1. IR1 2. VR2 3. IR2	×	0
	F004	运转给定方式	0. 面板控制 1. 外控端子控制 2. 上位机控制	×	0
	F005	STOP 键选择	0. 停止无效，故障复位 1 1. 停止无效，故障复位 2 2. 停止有效，故障复位 1 3. 停止有效，故障复位 2 4. 急停有效，故障复位 1 5. 急停有效，故障复位 2	×	0

续表

分类	代码	功能名称	设定范围	更改	出厂值
基本功能	F006	自锁控制	0. FWD/REV 两线制 1 1. FWD/REV 两线制 2 2. 自锁控制	×	0
	F007	电机停车方式	0. 减速停车 1. 自由停车 2. 减速停车加制动	○	0
	F008	最高操作频率	50.00 ~ 400 Hz	×	50.00
	F009	加速时间 1	0.1 ~ 3 600 s	○	20.0
	F010	减速时间 1	0.1 ~ 3 600 s	○	20.0
	F011	电子热保护	0. 均不动作 1. 电子热保护不动作,过载预报动作 2. 均动作	○	0
	F012	电子热保护值	25% ~ 105%	○	100
	F013	电机控制模式	0. U/f 开环控制模式 1. U/f 闭环控制模式 2. 无速度传感器矢量控制模式 3. PG 速度传感器矢量控制模式	×	0
U/f 控制功能	F100	U/f 曲线模式	0. 线性电压/频率 1. 任意电压/频率	×	0
	F101	基本频率	10.00 ~ 400 Hz	×	50.00
	F102	最大输出电压	220 ~ 380 V	×	380
	F103	转矩提升	0 ~ 50	×	10
	F104	VF1 频率	0.00, 5.00 ~ 400.0 Hz	×	8.00
	F105	VF1 电压	0 ~ 380 V	×	9
	F106	VF2 频率	0.00, 5.00 ~ 400.0 Hz	×	16.00
	F107	VF2 电压	0 ~ 380 V	×	37
	F108	VF3 频率	0.00, 5.00 ~ 400.0 Hz	×	24.00

续表

分类	代码	功能名称	设定范围	更改	出厂值
U/f 控制功能	F109	VF3 电压	0~380 V	×	84
	F110	VF4 频率	0.00, 5.00~400.0 Hz	×	32.00
	F111	VF4 电压	0~380 V	×	151
	F112	VF5 频率	0.00, 5.00~400.0 Hz	×	40.00
	F113	VF5 电压	0~380 V	×	246
	F114	转差补偿	0.00~10.00 Hz	○	0.00
	F115	自动节能模式	0. 禁止自动节能模式 1. 允许自动节能模式	×	0
	F116	瞬停再启动	0. 电恢复时再启动不动作 1. 频率从零启动 2. 转速跟踪启动	×	0
	F117	复电跟踪时间	0.3~5.0 s	×	0.5
	F118	过压防失速	0. 过压防失速及放电均无效 1. 过压防失速有效，放电无效 2. 过压防失速及放电均有效过压防失速无效，放电有效	×	1
	F119	过流防失速	0. 过流防失速无效 1. 过流防失速有效	×	1
	F120	过流失速值	G：20~150 P：20~120	×	110
	F121	速度 PID 比例增益	0.01~000	×	1.0
	F122	速度 PID 积分时间	0.1~100.0 s	×	0.1
	F123	速度 PID 微分时间	0.0~10.0 s	×	0.1
	F124	速度 PID 微分增益	0.0~50.0	×	5.0
	F125	速度 PID 低通滤波器	0.00~10.00 s	×	0.01
矢量控制	F200	电机参数测试	0. 电机参数手动测试 1. 电机参数自动测试	×	0
	F201	电机额定频率	20.00~400 Hz	×	50.00

续表

分类	代码	功能名称	设定范围	更改	出厂值
矢量控制	F202	电机额定转速	50.0~2 400.0（×10）	×	144.0
	F203	电机额定电压	220~380 V	×	380
	F204	电机额定电流		×	I_e
	F205	电机空载电流		×	I_n
	F206	电机常数 R	1~5 000	×	2 000
	F207	电机常数 X	1~5 000	×	1 000
	F208	驱动转矩	G：20~200 P：20~150	○	100
	F209	制动转矩	G：0~-150 P：0~120	○	100
	F210	ASR 比例系数	0.00~2.00	×	1.00
	F211	ASR 积分系数	0.00~2.00	×	1.00
模拟给定	F300	主给定为 0 时的模拟量	0.00~10.00	×	0.00
	F301	主给定为 100% 时的模拟量	0.00~10.00	×	10.00
	F302	主给定为 0 时的频率	0.00~400.0 Hz	×	0.00
	F303	辅助给定为负最大时模拟量	0.00~10.00	×	0.00
	F304	辅助给定为正最大时模拟量	0.00~10.00	×	10.00
	F305	辅助给定为 0 时的模拟量	0.00~10.00	×	5.00
	F306	辅助给定增益	0.00~100.0	×	0.00
	F307	辅助给定频率极性	0. 正极性 1. 负极性	×	0
	F308	VR1 滤波时间常数	0.0~10.0 s	○	1.0
	F309	VR2 滤波时间常数	0.0~10.0 s	○	1.0
	F310	IR1 滤波时间常数	0.0~-10.0 s	○	1.0
	F311	IR2 滤波时间常数	0.0~10.0 s	○	1.0
辅助功能	F400	数据锁定	0. 禁止数据锁定 1. 允许数据锁定	○	0*
	F401	数据初始化	0. 禁止数据初始化 1. 允许数据初始化	○	0*

续表

分类	代码	功能名称	设定范围	更改	出厂值
辅助功能	F402	转向锁定	0. 正反转均可 1. 正转有效 2. 反转有效	×	0
	F403	直流制动起始频率	0.00~60.00 Hz	○	5.00
	F404	直流制动量	0~100	○	25
	F405	直流制动时间	0.1~20.0 s	○	5.0
	F406	制动电阻过热	0. 无效 1. 提醒制动电阻过热	○	0
	F407	载波频率设定	G：0~7 P：0~5	×	0
	F408	自动复位	0~7	○	0
	F409	自动复位时间	1.0~20.0 s	○	5.0
	F410	欠电压保护值	350~450 V	○	400
	F411	缺相保护	0. 禁止缺相保护 1. 容许缺相保护	×	1
	F412	自动稳压（AVR）	0. 禁止自动稳压（AVR） 1. 容许自动稳压（AVR）	×	1
	F413	加、减速选择	0. 直线加减速 1. S曲线加减速	×	0
	F414	S曲线选择	0~4	×	0
	F415	冷却风机控制	0. 自动运转 1. 一直运转	○	0
	F416	编码器输入相数	0. 单相 1. 双相	×	1
	F417	编码器脉冲数	1~4 096	×	1 024

续表

分类	代码	功能名称	设定范围	更改	出厂值
端子功能	F500	X1 功能选择	0）多段频率端子 1（PID 给定值选择 1）；1）多段频率端子 2（PID 给定值选择 2）；2）多段频率端子 3；3）多段频率端子 4；4）加减速时间 1；5）加减速时间 2；6）加减速时间 3；7）外部故障常开输入；8）外部故障常闭输入；9）外部复位输入；10）外部点动输入；11）程序运行优先输入；12）程序运行暂停输入；13）正转输入；14）反转输入；15）三线制运转输入 EF；16）X1：面板与外控切换；X2：IR1/VR1 切换；X3：X4/X5 清零；X4：频率加；X5：频率减；X6：测速输入 SM1；X7：测速输入 SM2	×	13
	F501	X2 功能选择		×	14
	F502	X3 功能选择		×	0
	F503	X4 功能选择		×	1
	F504	X5 功能选择		×	4
	F505	X6 功能选择		×	5
	F506	X7 功能选择		×	7
	F507	继电器输出端子	0. 运行中 1. 停止中 2. 频率到达 3. 任意频率到达 4. 过载预报 5. 外部报警 6. 面板操作 7. 欠电压停止中 8. 程序运转中 9. 程序运转完成 10. 程序运转暂停 11. 程序阶段运转完成 12. 反馈过高输出 13. 反馈过低输出 14. 故障报警输出 15. 继电器：外部制动接通 Y1：输出频率模拟输出 Y2：输出频率模拟输出 Y3：PO 16. Y1：输出电流模拟输出 Y2：输出电流模拟输出 Y3：频率减输出 17. Y1：给定值模拟输出 Y2：给定值模拟输出 18. Y2：频率加/输出	×	14
	F508	Y1 输出端子		×	0
	F509	Y2 输出端子		×	1
	F510	Y3 输出端子		×	2

续表

分类	代码	功能名称	设定范围	更改	出厂值
端子功能	F511	电气机械制动选择	0. 禁止电气机械制动 1. 容许电气机械制动	×	0
	F512	外部抱闸投入延时	0.0~20.0 s	×	1.0
	F513	输入脉冲频率单位	0.01~10.00 Hz	×	0.01
	F514	输入输出脉冲倍率	0.01~10.00	×	1.00
	F515	Y1 增益	50~200	○	100
	F516	Y2 增益	50~200	○	100
	F517	PO 脉冲倍率	1~100	○	10
	F518	Y1 偏置	0~100	○	0
	F519	Y2 偏置	0~100	○	0
辅助频率功能	F601	启动频率持续时间	0.0~20.0 s	○	0.5
	F602	停止频率	0.10~50.00 Hz	○	2.00
	F603	正、反转死区时间	0.0~3 000 s	○	0.0
	F604	点动频率	0.10~400 Hz	○	5.00
	F605	点动加速时间	0.1~600.0 s	○	0.5
	F606	点动减速时间	0.1~600.0 s	○	0.5
	F607	上限频率	0.50~400.0 Hz	○	50.00
	F608	下限频率	0.10~400.0 Hz	○	0.50
	F609	回避频率 1	0.00~400.0 Hz	○	0.00
	F610	回避频率 2	0.00~400.0 Hz	○	0.00
	F611	回避频率 3	0.00~400.0 Hz	○	0.00
	F612	回避频率宽度	0.00~10.00 Hz	○	0.50
	F613	频率到达宽度	0.00~10.00 Hz	○	1.00
	F614	任意检出频率	0.10~400.0 Hz	○	40.00
	F615	任意检出频率宽度	0.00~10.00 Hz	○	1.00
	F616	多段频率 1	0.00~400.0 Hz	○	2.00
	F617	多段频率 2	0.00~400.0 Hz	○	5.00

续表

分类	代码	功能名称	设定范围	更改	出厂值
辅助频率功能	F618	多段频率3	0.00～400.0 Hz	○	8.00
	F619	多段频率4	0.00～400.0 Hz	○	10.00
	F620	多段频率5	0.00～400.0 Hz	○	14.00
	F621	多段频率6	0.00～400.0 Hz	○	18.00
	F622	多段频率7	0.00～400.0 Hz	○	20.00
	F623	多段频率8	0.00～400.0 Hz	○	25.00
	F624	多段频率9	0.00～400.0 Hz	○	30.00
	F625	多段频率10	0.00～400.0 Hz	○	35.00
	F626	多段频率11	0.00～400.0 Hz	○	40.00
	F627	多段频率12	0.00～400.0 Hz	○	45.00
	F628	多段频率13	0.00～400.0 Hz	○	50.00
	F629	多段频率14	0.00～00.0 Hz	○	55.00
	F630	多段频率15	0.00～400.0 Hz	○	60.00
	F631	加速时间2	0.1～3 600 s	○	20.0
	F632	减速时间2	0.1～3 600 s	○	20.0
	F633	加速时间3	0.1～3 600 s	○	20.0
	F634	减速时间3	0.1～3 600 s	○	20.0
	F635	加速时间4	0.1～3 600 s	○	20.0
	F636	减速时间4	0.1～3 600 s	○	20.0
	F637	加速时间5	0.1～3 600 s	○	20.0
	F638	减速时间5	0.1～3 600 s	○	20.0
	F639	加速时间6	0.1～3 600 s	○	20.0
	F640	减速时间6	0.1～3 600 s	○	20.0
	F641	加速时间7	0.1～3 600 s	○	20.0
	F642	减速时间7	0.1～3 600 s	○	20.0
	F643	加速时间8	0.1～3 600 s	○	20.0
	F644	减速时间8	0.1～3 600 s	○	20.0

续表

分类	代码	功能名称	设定范围	更改	出厂值
简易PLC功能	F700	程序运行	0. 程序运行取消 1. 程序运行 N 周期后停止 2. 程序运行 N 周期后以 15 段频率运行 3. 程序运行循环运转 4. 程序运行优先指令有效 5. 扰动运行	×	0
	F701	程序运行时间单位	0. 1 s 1. 1 min	×	0
	F702	程序运行循环次数	1~1 000	○	1
	F703	程序运行时间 1	0.0~3 600 s	○	1.0
	F704	运行方向及加减速 1	01~18	○	01
	F705	程序运行时间 2	0.0~3 600 s	○	1.0
	F706	运行方向及加减速 2	01~18	○	11
	F707	程序运行时间 3	0.0~3 600 s	○	2.0
	F708	运行方向及加减速 3	01~18	○	02
	F709	程序运行时间 4	0.0~3 600 s	○	2.0
	F710	运行方向及加减速 4	01~18	○	12
	F711	程序运行时间 5	0.0~3 600 s	○	3.0
	F712	运行方向及加减速 5	01~18	○	03
	F713	程序运行时间 6	0.0~3 600 s	○	3.0
	F714	运行方向及加减速 6	01~18	○	13
	F715	程序运行时间 7	0.0~3 600 s	○	4.0
	F716	运行方向及加减速 7	01~18	○	04
	F717	程序运行时间 8	0.0~3 600 s	○	4.0
	F718	运行方向及加减速 8	01~18	○	14
	F719	程序运行时间 9	0.0~3 600 s	○	5.0
	F720	运行方向及加减速 9	01~18	○	05
	F721	程序运行时间 10	0.0~3 600 s	○	5.0

续表

分类	代码	功能名称	设定范围	更改	出厂值
简易PLC功能	F722	运行方向及加减速 10	01~18	○	15
	F723	程序运行时间 11	0.0~3 600 s	○	6.0
	F724	运行方向及加减速 11	01~18	○	06
	F725	程序运行时间 12	0.0~3 600 s	○	6.0
	F726	运行方向及加减速 12	01~18	○	16
	F727	程序运行时间 13	0.0~3 600 s	○	7.0
	F728	运行方向及加减速 13	01~18	○	07
	F729	程序运行时间 14	0.0~3 600 s	○	7.0
	F730	运行方向及加减速 14	01~18	○	17
	F731	程序运行时间 15	0.0~3 600 s	○	8.0
	F732	运行方向及加减速 15	01~18	○	08
过程PID	F800	过程 PID 控制	0. 禁止过程 PID 控制 1. 允许过程 PID 控制	×	0
	F801	设定值 1	0.0~100	○	50.0 *
	F802	设定值 2	0.0~100	○	50.0 *
	F803	设定值 3	0.0~100	○	50.0 *
	F804	设定值 4	0.0~100	○	50.0 *
	F805	反馈信号选择	0. 反馈通道 1 + 反馈通道 2 1. 反馈通道 1 - 反馈通道 2	×	0
	F806	反馈通道 1 选择	0. VR2 1. IR2	×	0
	F807	反馈通道 2 选择	0. VR1 1. IR1 2. VR2 3. IR2	×	0
	F808	反馈通道 1 零点	0.00~10.00	×	0.00
	F809	反馈通道 1 极性	0. 正极性 1. 负极性	×	0

续表

分类	代码	功能名称	设定范围	更改	出厂值
过程PID	F810	反馈通道1增益	0.00~10.00	×	1.00
	F811	反馈通道2零点	0.00~10.00	×	0.00
	F812	反馈通道2极性	0. 正极性 1. 负极性	×	0
	F813	反馈通道2增益	0.00~10.00	×	0.00
	F814	比例常数	0.0~1 000.0	○	1.0
	F815	积分时间	0.1~100.0 s	○	1.0
	F816	微分时间	0.0~10.0 s	○	0.5
	F817	微分增益	5.0~50.0	○	10.0
	F818	采样周期	0.01~10.00 s	○	0.05
	F819	PID低通滤波器	0.00~2.00	○	0.10
	F820	偏差范围	0.1~20.0	○	0.5
	F821	PID关断频率	0. 正常运行 1. 当等于或小于下限频率停机	○	1
	F822	反馈过高报警	100~150	○	120
	F823	反馈过低报警	10~120	○	80
	F824	电机台数	0. 一拖一模式 1. 一拖二模式 2. 一拖三模式 3. 一拖二加启动器模式 4. 一拖三加启动器模式 5. 一拖四加启动器模式	×	0
	F825	换机延时时间	0.0~600.0 s	○	30.0
	F826	切换互锁时间	0.1~20.0 s	×	0.5
	F827	定时换机时间	0~1 000 h	○	120
	F828	休眠电机设定	0. 禁止休眠电机 1. 允许休眠电机	×	0
	F829	休眠频率	20.00~50.00 Hz	○	40.00

续表

分类	代码	功能名称	设定范围	更改	出厂值
过程PID	F830	休眠时间	60.0 ~ 5 400 s	○	1 800
	F831	休眠设定值	0.0 ~ 100.0	○	40.0
	F832	休眠偏差	10 ~ 50	○	50
通信参数	F900	上位机选择	0. 监视参数 1. 设定和监视参数	○	0
	F901	本机地址	0, 1, 2 ~ 32	×	2
	F902	波特率选择	0. 1 200 1. 2 400 2. 4 800 3. 9 600 4. 19 200	×	3
	F903	数据格式	0. 1, 8, 1, N 1. 1, 8, 1, O 2. 1, 8, 1, E	×	0
显示功能	FA00	LED 显示	0 ~ 5	○	0 *
	FA01	速度显示系数	0.01 ~ 10.00	○	1.00
	FA02	变频器输出功率		△	P_e
	FA03	模块温度	0 ~ 100℃	△	50
	FA04	电度表值	0 ~ 6 553.5 kWh	△	0.0 *
	FA05	累计运转时间	0.0 ~ 6 553.5 h	△	0.0 *
	FA06	电度表清零	0. 禁止电度表清零 1. 允许电度表清零	○	0
	FA07	累计运转时间清零	0. 禁止实际运转时间清零 1. 允许实际运转时间清零	○	0
	FA08	故障记录 1		△	corr
	FA09	故障记录 2		△	corr
	FA10	故障记录 3		△	corr
	FA11	最近一次故障时的 U		△	0
	FA12	最近一次故障时的 I		△	0.0
	FA13	最近一次故障时的 F		△	0.00

续表

分类	代码	功能名称	设定范围	更改	出厂值
显示功能	FA14	最近一次故障时的 T		△	0
	FA15	故障记录清除	0. 禁止故障存储清除 1. 允许故障存储清除	○	0
厂家保留	Fb00	用户密码	0～9999	○	0 *
	Fb01	厂家密码		○	Ma *
上位机显示参数	Fc00	设定频率		△	50.00
	Fc01	输出频率		△	0.00
	Fc02	输出电流		△	0.0
	Fc03	输出电压		△	0
	Fc04	设定同步转速		△	1 500
	Fc05	输出同步转速		△	0
	Fc06	设定线转速		△	50
	Fc07	输出线转速		△	0
	Fc08	负载率		△	0
	Fc09	设定值		△	50.0
	Fc10	反馈值		△	0.0
	Fc11	母线电压		△	537

注：1. 功能参数表"更改"一栏中"○"表示该功能运行中可以更改；"×"表示该功能运行中不可以更改；"△"表示该功能停止、运行中都不可以更改。

2. 功能参数表"出厂值"一栏中"*"表示该功能不受数据锁定控制。

3. 功能参数的修改。

森兰 SB60 系列变频器共有 240 多个功能，它们分为 12 个相关的功能组，用户可以在进入功能号显示页后，用">>"键切换选择修改功能组或功能号，用"∧"键或"∨"键选择需要的功能组或功能号，按"FUNC/DATA"键或"功能/数据"键进入数据号显示页，用"∧"键或"∨"键更改数据，再按"FUNC/DATA"键或"功能/数据"键保存。

4. 森兰 SB60 系列变频器操作说明。

（1）森兰 SB60 系列变频器操作面板外观。

如图 B-4 所示。

（2）按键功能说明。

见表 B-7。

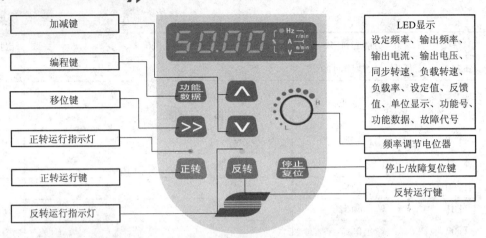

图 B-4 森兰 SB60 系列变频器操作面板外观

表 B-7 按键功能说明

按 键	功 能
FUNC/DATA 或功能/数据	读出功能号和数据 数据写入确认
>>	显示状态切换 功能组和功能号的选择切换 转换功能内容的修改位
∧	功能号和功能内容的递增
∨	功能号和功能内容的递减
FWD 或正转	变频器正转运行命令
REV 或反转	变频器反转运行命令
STOP/RESET 或停止/复位	变频器停止命令 故障复位命令 Err5 复位命令

（3）变频器显示内容说明。

见表 B-8。

表 B-8 变频器显示内容说明

显示内容	说　　明	显示内容	说　　明
corr	无异常记录	Err1	通信错误 1
dbr	制动电阻过热	Err2	通信错误 2
dd	直流制动	Err3	通信错误 3
dP	缺相	Err4	非法操作
FErr	面板设定错误	Err5	存储失败
FL	短路、接地	oH	过热
Lu	欠压	oL	过载
oc	过流	oLP	提醒过载
ou	过压	oLE	外部报警

（4）变频器控制模式。

森兰 SB60/61 系列变频器有 4 种控制模式：U/f 开环控制模式、U/f 闭环控制模式、无速度传感器矢量控制模式和 PG 速度传感器矢量控制模式。

（5）变频器频率设定模式。

1）设定主给定信号 F002 = 0，用 FUNC/DATA 键设定 F000 号功能。

2）设定主给定信号 F002 = 0，直接用"∧"和"∨"键调节频率。

3）设定主给定信号 F002 = 0，用上位机设定频率。

4）设定主给定信号 F002 = 1，用面板电位器直接调节频率。

5）设定主给定信号 F002 = 2 或 3，设定外控端子分别为加速和减速输入，短接加速端子与 GND 频率递增，短接减速端子与 GND 频率递减，断开停止。

（6）变频器操作面板显示状态。

1）停机状态。在变频器停机时，LED 显示窗显示停机状态参数，运行指示灯熄灭。

2）运行状态。变频器接到正确的运行命令后，进入运行状态，LED 显示窗显示运行状态参数，正转或反转运行指示灯亮。

3）故障状态。在变频器停机时，如果有故障，LED 显示窗显示相应的故障代码，见表 B-8，在排除变频器故障后，按"STOP/RESET"键进行变频器故障复位，LED 显示窗显示停机状态参数。

在变频器处于运行状态时，如果有故障，变频器立即停机，运行指示灯熄灭，LED 显示窗显示相应的故障代码，见表 B-8，在排除变频器故障后，按"STOP/RESET"键进行变频器故障复位，LED 显示窗显示停机状态参数。

(7) 变频器操作面板操作。

1) 变频器运行时显示内容切换（F800=0）见图 B-5。

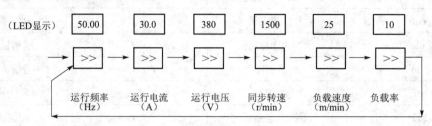

图 B-5　变频器运行时显示内容切换示意图

2) 变频器参数设定操作（将 F009 第一加速时间设定为 20 s）见图 B-6。

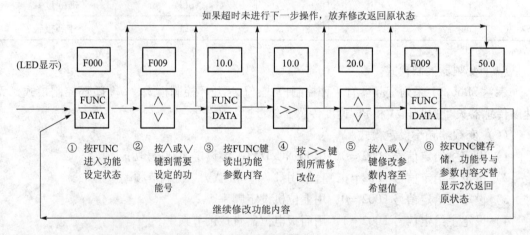

图 B-6　变频器参数设定操作示意图

3) 变频器运行操作见图 B-7。

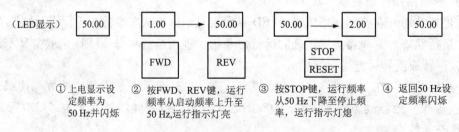

图 B-7　变频器运行操作示意图

(8) 变频器外控端子操作。

1) 变频器运行操作。

设定外控端子分别为正（FWD）、反（REV）转输入、自锁控制输入 EF，设定运转给定方式 F004 = 1：

设定 F006 = 0，短接 FWD 与 GND 变频器正转，短接 REV 与 GND 变频器反转，同时短接或断开 FWD、REV 与 GND 变频器停止。

设定 F006 = 1，短接 FWD 与 GND 正转，同时短接 FWD、REV 与 GND 变频器反转，短接 REV 与 GND 或同时断开 FWD、REV 与 GND 变频器停止。

设定 F006 = 2，短接 EF 与 GND，短接 FWD 与 GND 一下再断开，短接 REV 与 GND 变频器正转，断开 REV 与 GND 变频器反转，断开 EF 与 GND 变频器停止。

2）变频器点动运行操作。

设定外控端子为点动输入（JOG），设定运转给定方式 F004 = 1，设定点动频率（F604）、点动加速时间（F605）、点动减速时间（F606），短接 JOG 与 GND 变频器点动运行，断开停止。

附录 C
安川 G7 系列变频器

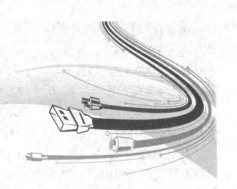

1. 基本接线

（1）主电路。

主电路如图 C-1 所示。

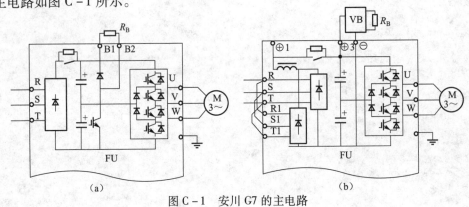

图 C-1 安川 G7 的主电路
(a) 15 kW 以下；(b) 18.5 kW 以上

1）输入端。

容量小于 31 kVA（配用 15 kW 电动机）的变频器和其他变频器相同，输入线的标志为 R、S、T，接电源进线。容量大于 31 kVA（配用 18.5 kW 电动机）的变频器可以配接三绕组变压器，进行 12 相整流，内部并配置了直流电抗器，大幅度减小了输入电流中的高次谐波成分，提高了抗干扰能力。

2）输出端。

外部的接法和其他变频器相同，输出端的标志也是 U、V、W，接电动机。但在内部，则是由 12 个功率器件（IGBT）构成的三电平逆变电路。

3)制动电阻与制动单元接线端。

15 kW 以下的 G7 系列变频器内部已经配置了制动单元,如图 C-1(a)所示;18.5 kW 以上变频器的制动电阻 R_B 与制动单元 VB 均需外接,如图 C-1(b)所示。

(2)控制电路

控制电路如图 C-2 所示。

1)外接频率给定端。

变频器为外接频率给定端提供 10 V 电源(正端为"+V",负端为"AC"),信号输入端分别为 A1、A3(电压信号)和 A2(电流信号)。

2)输入控制端。

S1~S12 为多功能输入控制端,具体功能均可通过功能预置来设定。各端子功能的出厂设定如下:

S1——正转控制端。
S2——反转控制端。
S3——外部故障输入端。
S4——复位端。
S5、S6、S9、S10——多挡速度控制端。
S7——点动控制端。
S8——封锁外部信号控制端。
S11——加、减速时间选择控制端。
S12——异常停机控制端。

3)通信接口输入端。

从 R+、R-、S+、S- 输入。

4)故障信号输出端图。

由 MA、MB、MC 组成,为继电器输出,可接至 AC 250 V(1 A 以下)或 DC 30 V(1 A 以下)电路中。

5)多功能运行信号输出端。

M1、M2——继电器输出端。
P1~P4——晶体管输出端。

6)多功能测量信号输出端。

AM、FM——模拟量输出端。
MP——数字量输出端。

7)编码器输入端。

从插件 PG-B2 输入。

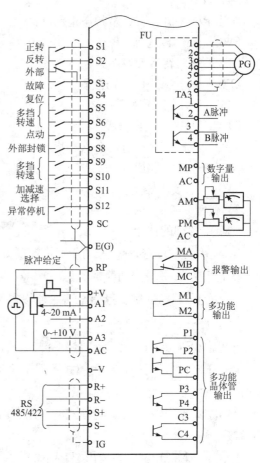

图 C-2 G7 的控制电路

2. 操作面板及键盘控制

（1）面板配置。

面板配置如图 C-3 所示。

1）显示。

① LCD 显示屏。G7 系列变频器配置了一个 LCD 显示屏。在运行模式下，显示屏的显示内容如下：

第 1 行——说明变频器正处于运行模式下。

第 2 第 3 行——说明给定频率是 50 Hz。

第 4 行（虚线下方）——说明实际运行频率也是 50 Hz。

第 5 行——说明运行电流是 10.05 A。

② 指示灯。

在显示屏上方，有 5 个状态指示灯：

FWD——正转运行。

REV——反转运行。

SEQ——外接端子程序运行。

REF——外接端子控制运行。

ALARM——变频器报警。

此外，在键盘上还有两个状态指示灯：

RUN——表示运行。

STOP——表示停止。

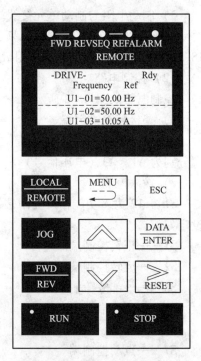

图 C-3 G7 系列变频器面板

2）键盘。

键盘中各键的功能如下：

|LOCAL/REMOTE| 键——用于切换控制方式（面板控制或外接端子控制）。

|MENU| 键——模式切换键。

|ESC| 键——返回键，返回至前一种状态。

|JOG| 键——点动运行键。

|FWD/REV| 键——正、反转切换键。

|>/RESET| 键——在编程模式下用于移动数据码的更改位，当变频器发生故障并修复后用于复位。

|▲|键和|▼|键——在运行模式时，用于增、减给定频率；在编程模式下，用于更改功能码或数据码。

|DATA/ENTER| 键——读出/写入键。

|RUN| 键——运行键，向变频器发出运行指令，仅在键盘运行方式下有效。

STOP 键——停止键，向变频器发出停止指令，仅在键盘运行方式下有效。

（2）键盘控制。

1）接通电源。

合上电源后，LCD 显示屏的显示如图 C-4 所示。

如果变频器正处于外接控制方式，则首先按 LOCAL/REMOTE 键，使变频器处于面板控制方式，这时，指示灯 SEQ 和 REF 熄灭。

2）运行。

按 RUN 键，变频器的输出频率即按预置的升速时间开始上升到给定频率（设为 50 Hz），电动机的运行方向由 FWD/REV 键决定。

3）升速及降速。

在运行过程中，按 ▼ 键，频率按预置的降速时间下降（设为 30 Hz）；按 ▲ 键，频率按预置的升速时间上升（设为 40 Hz）。

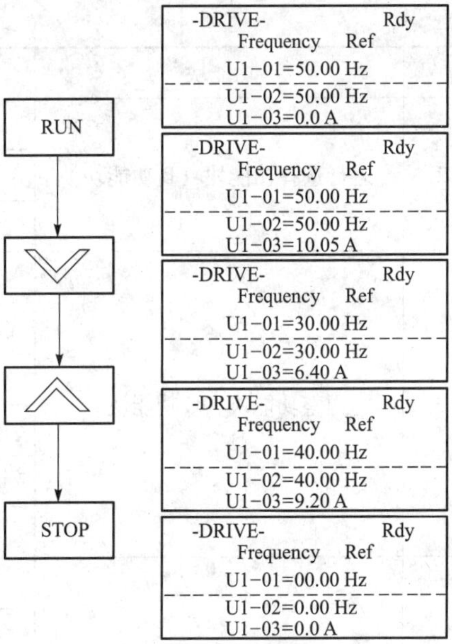

4）停止。

按 STOP 键，输出频率即按预置的降速时间下降至 0 Hz。

图 C-4 G7 的键盘控制

3. 功能结构及预置流程

（1）功能结构。

安川 G7 系列变频器把所有功能分成 12 个功能块，每个功能块中又有若干个功能组，见表 C-1。

表 C-1 安川 G7 系列变频器的功能结构

序号	功能块	功能组	功能码范围
1	环境设定功能块（A 功能块）	基本设定功能组	A1—00 ~ A1—05
		用户参数功能组	A2—01 ~ A2—32
2	运行选择功能块（B 功能块）	运行方式功能组	b1—01 ~ b1—08
		直流制动功能组	b2—01 ~ b2—08
		速度搜索功能组	b3—01 ~ b3—05
		延时功能组	b4—01 ~ b4—02
		PID 控制功能组	b5—01 ~ b5—17
		暂停变化功能组	b6—01 ~ b6—04

续表

序号	功能块	功能组	功能码范围
2	运行选择功能块（B 功能块）	转差控制功能组	b7—01 ~ b7—02
		节能控制功能组	b8—01 ~ b8—06
		零伺服控制功能组	b9—0 ~ b9—02
3	调整功能块（C 功能块）	升、降速时间功能组	C1—01 ~ C1—11
		升、降速方式功能组	C2—01 ~ C2—04
		转差补偿功能组	C3—01 ~ C3—05
		转矩补偿功能组	C4—01 ~ C4—05
		转速控制功能组	C5—01 ~ C5—08
		载波频率功能组	C6—01 ~ C6—11
4	给定功能块（D 功能块）	频率给定功能组	d1—01 ~ d1—17
		频率上、下限功能组	d2—01 ~ d2—03
		回避频率功能组	d3—01 ~ d3—04
		频率记忆功能组	d4—01 ~ d4—02
		转矩控制功能组	d5—01 ~ d5—06
		励磁控制功能组	d6—01 ~ d6—05
5	电动机参数功能块（E 功能块）	U/f 功能组	E1—01 ~ E1—13
		电动机数据功能组	E2—01 ~ E2—11
		U/f_2 功能组	E3—01 ~ E3—08
		电动机数据 2 功能组	E4—01 ~ E4—07
6	选择件功能块（F 功能块）	PG 控制卡功能组	F1—01 ~ F1—14
		模拟量给定卡功能组	F2—01
		数字量给定卡功能组	F3—01
		模拟量显示卡功能组	F4—01 ~ P4—08
		数字量输出卡功能组	P5—01 ~ P5—09
		传递选择卡功能组	F6—01 ~ F6—06
7	端子的选择功能（H 功能块）	输入端子的选择功能组	H1—01 ~ H1—10
		输出端子的选择功能组	H2—01 ~ H2—05
		模拟量输入端子的选择功能组	H3—01 ~ H3—12

续表

序号	功能块	功能组	功能码范围
7	端子的选择功能（H 功能块）	模拟量输出端子的选择功能组	H4—01 ~ H4—08
		MEMOBUS 通信功能组	H5—01 ~ H5—07
		脉冲序列功能组	H6—01 ~ H6—07
8	保护功能块（L 功能块）	电动机保护功能组	L1—01 ~ L1—05
		瞬时停电处理功能组	L2—01 ~ L2—08
		防止跳闸功能组	L3—01 ~ L3—06
		频率检测功能组	L4—01 ~ L4—05
		重合闸功能组	L5—01 ~ L5—02
		过载检测功能组	L6—01 ~ L6—06
		转矩极限功能组	L7—01 ~ L7—04
		硬件保护功能组	L8—01 ~ L8—18
9	特殊调整功能块（N 功能块）	防止振荡功能组	N1—01 ~ N1—02
		速度反馈控制功能组	N2—01 ~ N2—03
		高转差制动功能组	N3—01 ~ N3—04
		速度推算功能组	N4—07 ~ N4—08
		前馈控制功能组	N5—01 ~ N5—03
10	操作器功能块（O 功能块）	显示设定功能组	O1—01 ~ O1—05
		多功能选择功能组	O2—01 ~ O2—12
		复制功能组	O3—01 ~ O3—02
11	电动机参数的自测定功能块（T 功能块）		T1—01 ~ T1—08
12	显示功能块（U 功能块）	状态显示功能组	U1—01 ~ U1—45
		故障轨迹功能组	U2—01 ~ U2—14

（2）功能预置流程。

安川 G7 系列变频器有 5 种模式，分别是：

① 运行模式。

② 快速编程模式。

③ 全面编程模式。
④ 校验模式。
⑤ 电动机参数的自测定模式。
各模式之间通过按 MENU 键进行切换。

(3) 功能预置流程。

1) 模式的选择。安川 G7 系列变频器有 5 种模式，分别是：
① 运行模式。
② 快速编程模式。
③ 全面编程模式。
④ 校验模式。
⑤ 电动机参数的自测定模式。
各模式之间通过按 MENU 键进行切换。

2) 编程模式下的功能预置流程。

首先按 MENU 键多次，直至切换到编程模式（LCD 显示屏左上方显示 ADV）为止。在编程模式下，其预置流程如图 C-5 左侧所示。以把减速时间（功能码为 C1—02）从 5 s 增加为 20 s 为例，其显示屏的状态如图 C-5 右侧所示。

① 按 DATA/ENTER 键，使变频器进入编程模式。

② 按 ▲ 键或 ▼ 键找出所需预置的 C 功能组，显示屏的光标停留在功能组别"C1"上。

③ 按 >/RESET 键，使光标移至功能码"00"处。

④ 按 ▲ 键或 ▼ 键，将功能码更改为"C1—02"。

⑤ 按 DATA/ENTER 键，读出该功能码中的原有数据码"005.0s"。

⑥ 按 ▲ 键或 ▼ 键，将数据码调整为"0020.0s"。

⑦ 按 DATA/ENTER 键，写入新数据码，此时显示屏显示"Entry Accepted"（新数据已被接受）；1 s 后显示当前的功能码及数据码。

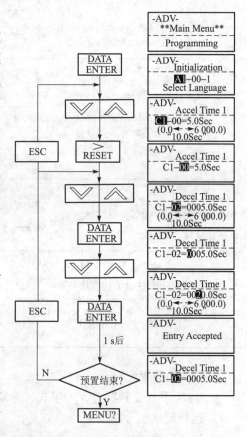

图 C-5　G7 的预置流程

⑧ 如本功能组尚未预置完所有功能，则按 ESC 键，返回至本功能组的起始位置，重复第④步以后的流程。

⑨ 如本功能组全部功能的预置工作都已结束，但其他功能组的预置尚未结束，则再按 ESC 键，返回至第②步，重复上述流程。

⑩ 如功能预置已经结束，则反复按 MENU 键，直至变频器转为运行模式为止。

3) 快速编程模式的功能预置流程。

安川 G7 系列变频器对于 28 种最基本、最常用的功能，可以在快速编程模式下进行快速预置。例如，A1 功能组中的 A2—02、b1 功能组中的 b1—01 ~ b1—03 等。

在快速编程模式下，可通过 ▲ 键或 ▼ 键，直接找到所需的功能码，而不必先找功能块等。

要实现快速预置，首先要多按 MENU 键几次，直至切换到快速编程模式（LCD 显示屏左上方显示 QUICK）为止，其预置流程如图 C-6 所示。仍以把减速时间（功能码为 C1—02）从 5 s 增加为 20 s 为例。

① 按 DATA/ENTER 键，立即切换到快速编程模式下的第 1 个功能码 "A1—02"。

② 按 ▲ 键或 ▼ 键，找到所需修改的功能码 "C1—02"。

③ 按 DATA/ENTER 键，读出改功能码中的原有数据码 "005.0s"。

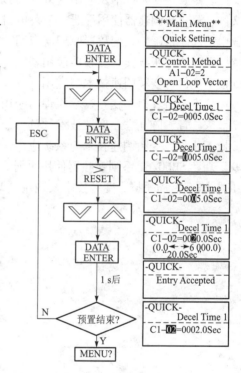

图 C-6　G7 快速预置流程

④ 按 >/RESET 键，使光标移至修改位置。

⑤ 按 ▲ 键或 ▼ 键，讲数据码调整为 "0020.0.0s"。

⑥ 按 DATA/ENTER 键，写入新数据码，此时显示屏显示 "Entry Accepted"（新数据已被接受）；1 s 后显示当前的功能码及数据码。

⑦ 预置工作尚未结束，按 ESC 键至本功能组的起始位置，重复第②步以后的流程。

⑧ 如全部功能的预置工作都已结束，则反复按 MENU 键，直至变频器转为运行模式为止。

参考文献

[1] 唐修波. 变频技术及应用 [M]. 北京：中国劳动社会保障出版社，2006.
[2] 三菱变频调速器使用手册. 三菱电机株式会社，1998.
[3] 王廷才，王伟. 变频器原理与应用 [M]. 北京：机械工业出版社，2005.
[4] 石秋洁，张燕宾. 变频器应用基础 [M]. 北京：机械工业出版社，2002.
[5] 李良仁. 变频调速技术与应用 [M]. 北京：电子工业出版社，2004.
[6] 吕丁，石红梅. 变频技术原理与应用 [M]. 北京：机械工业出版社，2002.
[7] 宋峰青，陈立香. 变频技术 [M]. 北京：中国劳动社会保障出版社，2004.
[8] 丁斗章. 变频调速技术与系统应用 [M]. 北京：机械工业出版社，2005.
[9] 森兰 SB60/61 系列变频器使用手册. 成都希望森兰变频器制造有限公司，2002.
[10] 宋爽，周乐挺. 变频技术及应用 [M]. 北京：高等教育出版社，2008.